ISBN 978-3-642-98592-8 ISBN 978-3-642-99407-4 (eBook)
DOI 10.1007/978-3-642-99407-4

Hp u. v. 39.

INHALT:

Allgemeines	Seite 1 — 6
Abbildungen der Maschinen	Seite 10 — 15
Abbildungen der Stahlhalter	Seite 16 u. 17
Abbildungen der Spannvorrichtungen	Seite 18
Aufstellungspläne	Seite 19 — 25
Das Maßstabdrehen	Seite 39
Unterweisung für Spitzenarbeiten	Seite 40
Unterweisung für Dornarbeiten	Seite 41
Unterweisung für Futterarbeiten	Seite 42
Geschwindigkeits- und Vorschubtafeln	Seite 33 — 37
Zeitberechnungen	Seite 26 — 31
Für Produktionsbänke:	
Arbeitspläne und Bilder von Spitzenarbeiten	Seite 43 — 46
Arbeitspläne und Bilder von Futterarbeiten	Seite 52
Arbeitspläne und Bilder von Kolbenbearbeitung	Seite 47 — 51
Für Vielstahlbänke:	
Arbeitspläne und Bilder von Spitzenarbeiten	Seite 54 — 58
Arbeitspläne und Bilder von Nockenwellen	Seite 59 u. 60
Arbeitspläne und Bilder von Dornarbeiten	Seite 64 — 67
Arbeitspläne und Bilder von Futterarbeiten	Seite 68 — 71
Arbeitspläne und Bilder von Kurbelwellen	Seite 61 — 63

Halbautomat D 250 A für Futterarbeiten

Im Buchhandel durch die Verlags-Buchhandlung Julius Springer Berlin W 9

3000. 12. 38

HANDBUCH FÜR
PRODUKTIONS- UND VIELSTAHLBÄNKE

Unsere Produktionsbänke sind kräftige, kurze Drehbänke ohne Leitspindel, mit außergewöhnlich starken Motoren und allen zeitsparenden Einrichtungen versehen, um sowohl in der **Einzel-** wie auch in der **Mengenbearbeitung** die **kürzesten Arbeitszeiten** zu erzielen. Hierzu dient besonders unser neues **Maßstabdrehen**, d. h. die Kontrolle der Längs- und Planbewegungen des Stahles durch Meßtrommeln. Ebenso nützlich ist das neue **Kopierverfahren**.

Die einfache Bauart erlaubt, die Maschinen durch angelernte Leute oder Frauen zu bedienen wie es das Bild Seite 7 zeigt. Man findet heute unsere Produktionsbänke zu Hunderten von Maschinen in allen Industriezweigen und Ländern.

PRODUKTIONSBÄNKE
vom Jahr 1920   vom Jahr 1938

Die Vorläufer **der Vielstahlbänke** waren die Waggon-Achsenbänke; dann wurden etwa 1904 in Nordamerika für die Bedürfnisse des Kraftwagenbaues die Wellendrehbänke „Loswing" und die „Fay"-Vielstahl-Automaten auf den Markt gebracht.

Unsere Firma hat schon 1913 die ersten Vielstahlbänke in Europa gebaut, deren Fabrikation 1924 aufgenommen wurde. Heute sind sie sowohl in der Serien- wie auch in der Massenfertigung unentbehrlich.

Wir haben nahezu 1000 Vielstahlbänke nach allen Ländern geliefert; sie verdanken ihre Beliebtheit ihrer verhältnismäßig einfachen Bauart und ihrer universellen Verwendungsmöglichkeit vereinigt mit einer außerordentlichen Leistung.

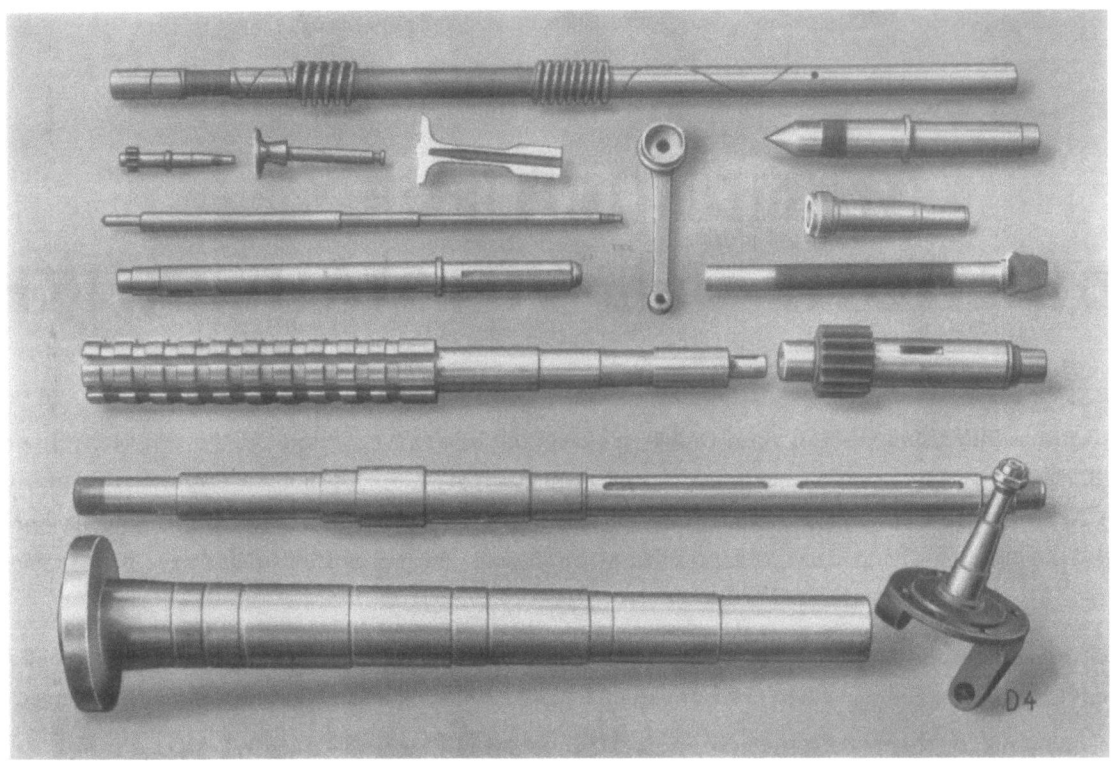

Musterstücke von Spitzenarbeiten

Musterstücke von Dornarbeiten

Alle Einzelheiten unserer Produktions- und Vielstahlbänke sind in den Werbeschriften und in den Betriebsanleitungen enthalten; in diesem Handbuch wollen wir dem Betriebsleiter, Zeitrechner, Meister und Dreher ihre rationale Ausnützung anhand von Arbeitsbildern, Plänen und Zeitberechnungen zeigen. Es ist nicht nötig, für jedes Werkstück besondere Stahlhalter zu beschaffen, unsere normalen Werkzeuge passen für viele Arbeitsstücke. Nur in der Mengenbearbeitung zieht man es vor, die Stahlhalter mit eingespannten Stählen arbeitsbereit zu halten, um die Einrichtezeit abzukürzen.

Da sowohl die **Produktions-** wie auch die **Vielstahlbänke** sich für **Spitzen-, Dorn-** und **Futterarbeiten** eignen, so entsteht die Frage, für welche Arbeiten und für welche Verhältnisse ist jede Gattung vorzuziehen?

Produktionsbänke nimmt man für lange, dünne Wellen, die mit einer mitlaufenden Lünette gedreht werden, die bei den Vielstahlbänken nicht anwendbar ist. Solche Werkstücke wie Hinterachswellen und Gewehrläufe müssen nach den Plänen Seite 54 u. 58 1–2 angedrehte Lünettensitze haben, wenn sie auf den Vielstahlbänken bearbeitet werden sollen.

Der Mittelantrieb nach Plan S. 66 ist eine andere Lösung, lange dünne Wellen zu stützen.

Bei den Produktionsbänken wird das **Längs-** und **Plan**drehen **nacheinander,** bei den Vielstahlbänken **gleichzeitig** vorgenommen. Wenn auf die größte Leistung gesehen wird, sind letztere zu verwenden, namentlich in der neuen $^3/_4$ automatischen Bauart J u. K.

Dornarbeiten passen für beide Gattungen (siehe Beispiele Seite 64–67).

Futterarbeiten, für die ein Drehtisch oder Revolverkopf nötig ist, sind für die Produktionsbank bestimmt (siehe Seite 52); kommt man mit festen Stahlhaltern aus, so sind die Vielstahlbänke am Platze (s. Seite 68–71).

Vielstahlbank vom Jahre 1924

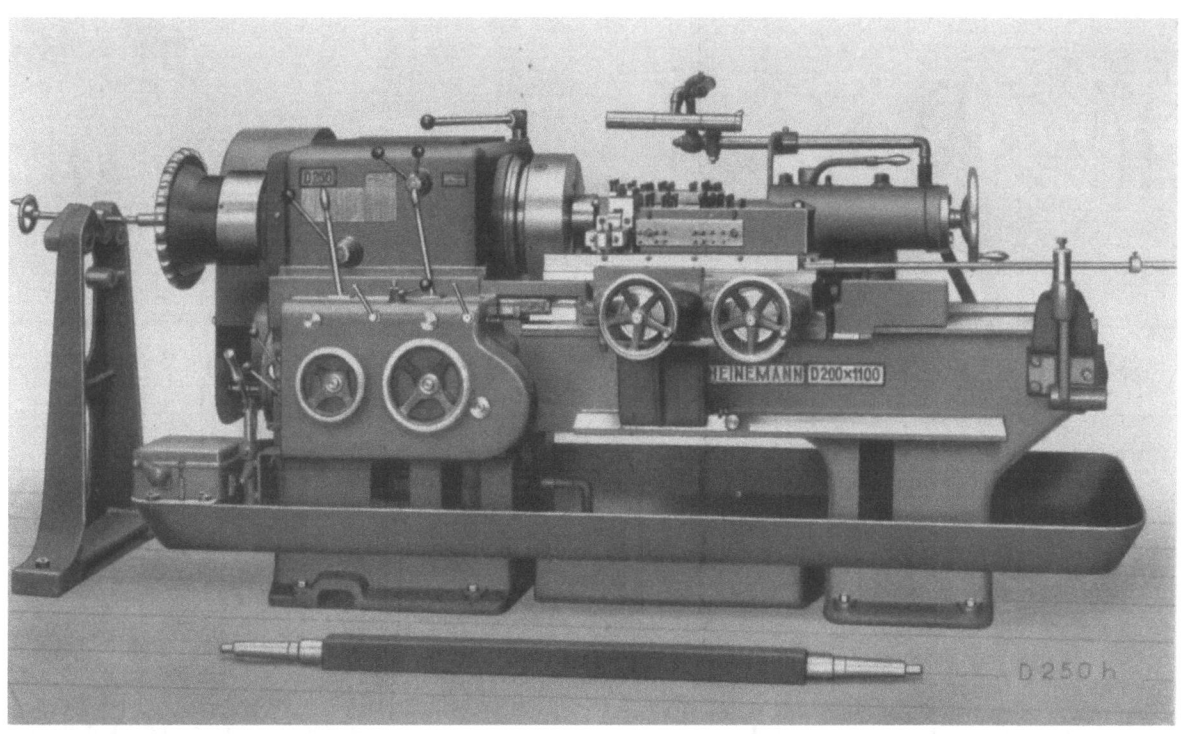

Vielstahlbank vom Jahr 1938

Musterstücke von Futterarbeiten

Zur rationellen Fertigung von Drehteilen aller Art gehören zu den
Produktions- und **Vielstahlbänken** auch die **Revolverbänke;**

dieses

DREIGESPANN

bringt die Fertigung rasch auf die Höhe. Unser Arbeitsbüro berät unsere Kunden über alle Fragen; unsere umfangreichen Erfahrungen auf allen Gebieten stehen ihnen stets zur Verfügung.

ST. GEORGEN-Schwarzwald, Herbst 1938.   **GEBR. HEINEMANN AG.**

Der Verfasser: W. Heinemann.

HAUPTMASSE DER PRODUKTIONSBÄNKE

Modell	L 170	N 170	M 200 x 600	M 200 x 1100	P 200 x 600	P 200 x 1100	Q 250 x 600	Q 250 x 1100	Q 250 x 1600	Q 250 x 2100
Spitzenhöhe über Führungsprisma mm	170	170	200	200	200	200	250	250	250	250
Spitzenweite bei fester Spitze u. eingebauter Rollenlagerspitze „	600	650	650	1150	650	1150	650	1150	1650	2150
Spitzenweite bei vorgebauter Rollenlagerspitze „	530	570	520	1020	520	1020	500	1000	1500	2000
Größter Dreh-⌀ über dem Bett „	360	360	460		—		—			
Größter Dreh-⌀ über der Supportführung auf dem Bett „	320	300	435		395		490			
Größter Dreh-⌀ über dem langen Querschieber Ql „	160	160	160		175		228			
Größter Dreh-⌀ über den Querschiebern Qd und QK „	240	250	275		270		340			
Höhe von Spitzenmitte bis Oberfläche Querschieber Ql und QK „	82	82	82		95		115			
Reitstock-Pinolen-⌀ normal „	55	65	80		80		120			
Reitstock-Pinolen-⌀ vergrößert „	—	—	100		100		150			
⌀ der Werkzeuglöcher im Revolverkopf Qr „	32	40	50		50		60			
Spindelmaße										
Spindelbohrung „	41	56	54		56		60			
Spann-Elemente										
Größter Spann-⌀ im Hebelspannfutter S und Srk „	32	45	45		45		—			
Größter Spann-⌀ und Tiefe im Hebelspannfutter Sr „	80 × 40	105 × 50	105 × 50		105 × 50		—			
Drehzahlen und Vorschübe										
Anzahl der Spindelgeschwindigkeiten „	8	8	8		8		8 (16 mit polum. Motor)			
Normaler Drehzahlenbereich „	90 – 1000	63 – 710	63 – 710		63 – 710		25 – 510			
Höchste Drehzahlen „	2500	2000	2000		2000		1000			
Anzahl der Vorschübe „	8	8	8		8		12			
Bereich der Vorschübe „	0,02 0,62	0,05 – 08	0,065 – 0,80		0,065 – 1,0		0,05 – 2,4			
Antriebselemente										
Für elektrischen Antrieb: ⌀ der Keilriemenscheibe „	245	200	340		340		500			
Kraftbedarf je nach Geschwindigkeit und Leistung PS	3 – 5	4 – 7	6 – 15		8 – 20		20 – 40			
KW	2,5 – 4	3 – 5	4,5 – 11		6 – 15		15 – 30			
Empfehlenswerte Größe des Motors mit 1430 bzw. 2900 Umdrehungen PS/KW	5/4	6,5/5	10 7,5		13 10		30/22			

HAUPTMASSE DER VIELSTAHLBÄNKE

	D 170 x			D 200 x				D 250 x				D 280 x
	300	600	1100	600	1100	1500	2100	600	1100	1500	2100	600—2100
Spitzenhöhe .... mm	170			200				250				280
Größter Dreh-⌀ über der Längs-schlittenführung .... „	330			390				490				540
Größter Dreh-⌀ über dem Quer-schieber des Längsschlittens ... „	250			320				400				460
Dreh-⌀ beim einfachen Plan-schlitten Pl .... „	250			340				400				460
Größter Dreh-⌀ über dem Uni-versalplanschlitten Plu mit Drehteil „	210			280				360				400
Spitzenweite bei festen Spitzen oder eingebauter Rollenspitze . „	350	650	1150	650	1150	1550	2150	600	1100	1500	2100	
Spitzenweite bei vorgebauter Rollenlagerspitze .... „	250	550	1050	500	1000	1400	2000	450	950	1350	1950	
Spindelbohrung .... „	54			60				105				
Anzahl der Spindelgeschwindig-keiten .... „	8			8				8				
Durchmesser und Breite der An-triebsscheibe .... „	330 × 120			400 × 125				450 × 125				Die übrigen Maße entsprechen dem Modell D 250
Umdrehungen der Antriebsscheibe beim Spindelstock R .... „	690			400				350				
* Spindelumdrehungen i. d. Minute des normalen Spindelstockes R . „	63 — 710			22 — 250				16 - 180				
* Umdrehungen der Antriebsscheibe des Spindelstockes Rh .... „	—			520				440				
Spindelumdrehungen i. d. Minute des Spindelstockes Rh	—			45 — 500				31 - 355				
** Kraftbedarf .... PS/KW	8 - 20 / 6 - 15			15 - 40 / 11 - 30				20 - 40 / 15 - 30				
Empfehlenswerter Motor .. PS/KW	10 / 7,5			20 / 15				27 / 20				
Reingewicht .... kg	1850	1950	2000	3200	3900	4000	4700	3500	4200	4500	5500	Mehrgewicht gegenüber D 250 = 350 kg
Mehrgewicht des elektrischen An-triebes einschl. normalem Motor und Anlasser .... ca. kg	180			300				330				
Rohgewicht bei gewöhnlicher Verpackung .... kg	2000	2100	2200	3600	4400	4500	5300	4000	4700	5000	6300	
Rohgewicht bei seemäßiger Verpackung .... kg	2150	2250	2400	4000	4800	5000	5700	4400	5200	5400	6800	
Kubikinhalt .... cbm	4	4,5	6	6,5	7,5	8,5	10,5	7	8	9	11,5	

* Alle Spindeldrehzahlen können auch höher oder niederer gewählt werden

** Die größten Motoren können nur bei den hohen Drehzahlen ausgenützt werden

DIE MASCHINEN

Produktionsbank L 170 x 600

Produktionsbank N 170 x 600

Produktionsbank M 200 x 600

Produktionsbank P 200 x 600

Produktionsbank Q 250 x 1500

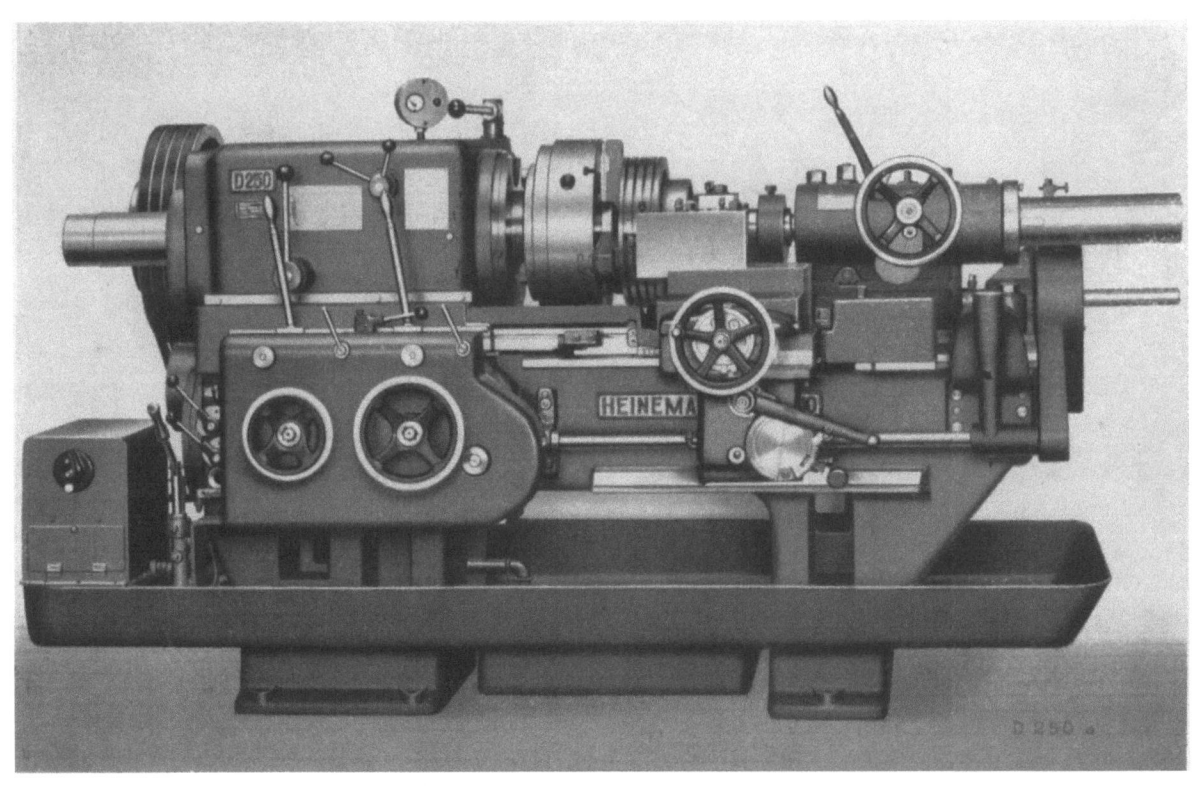

Halbautomat D 250 A x 1100
mit Bohrreitstock zum gleichzeitigen Längs- und Plandrehen und Bohren

Vielstahlbank D 170 x 900

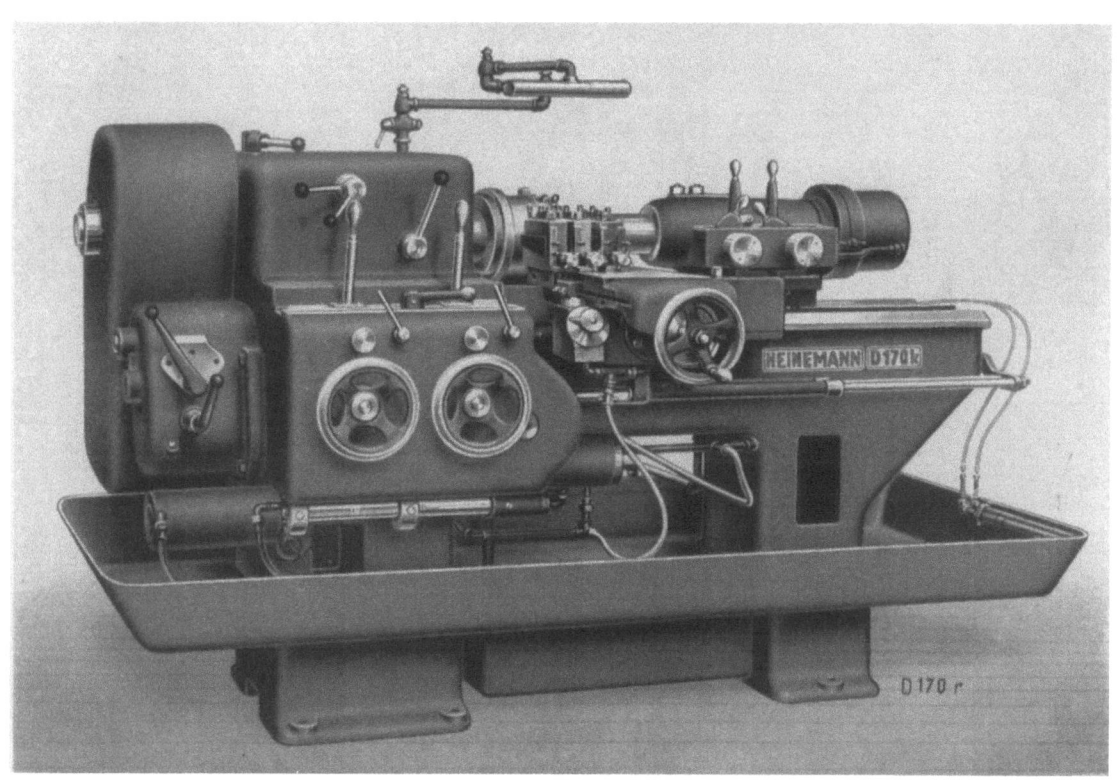

³/₄ automatische Vielstahlbank D 170 K

Hochleistungs-Kopierbank D 170 H

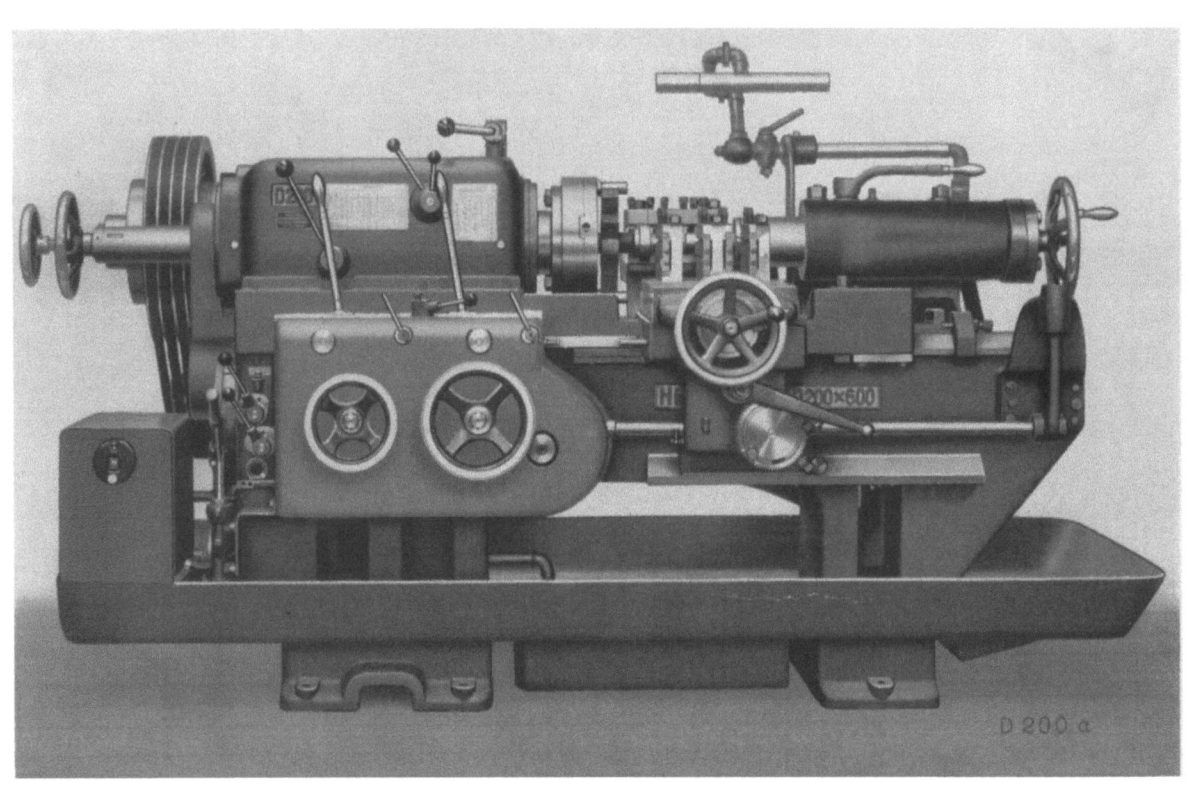

Vielstahlbank D 200 x 600 mit automatischem Planzug Pa

Halbautomatische Vielstahlbank D 250 x 1100

Halbautomatische Vielstahlbank D 280 x 2100
mit hydraulischem Planzug PaH 2 am Längsschlitten

DIE STAHLHALTER

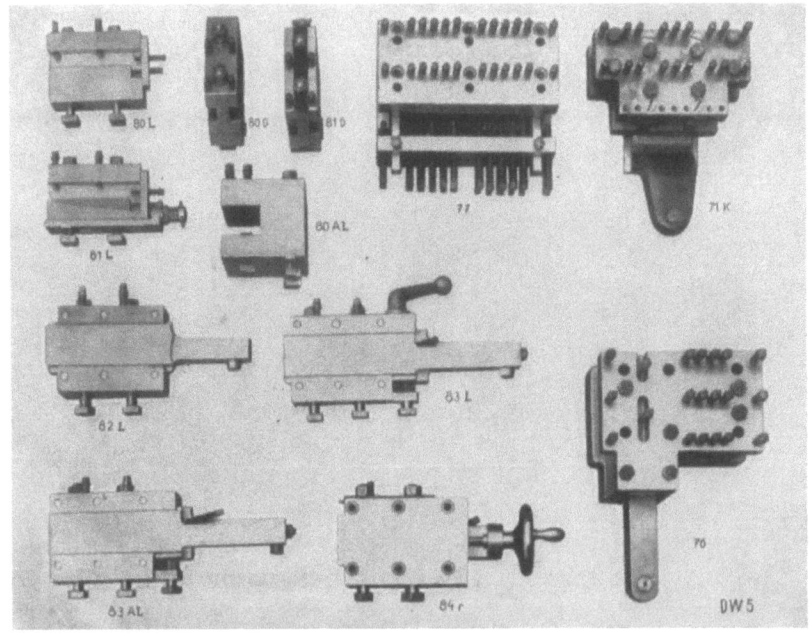

Stahlhalter zum langen Querschieber der Produktionsbänke
und zum Längs- und Planschlitten der Vielstahlbänke

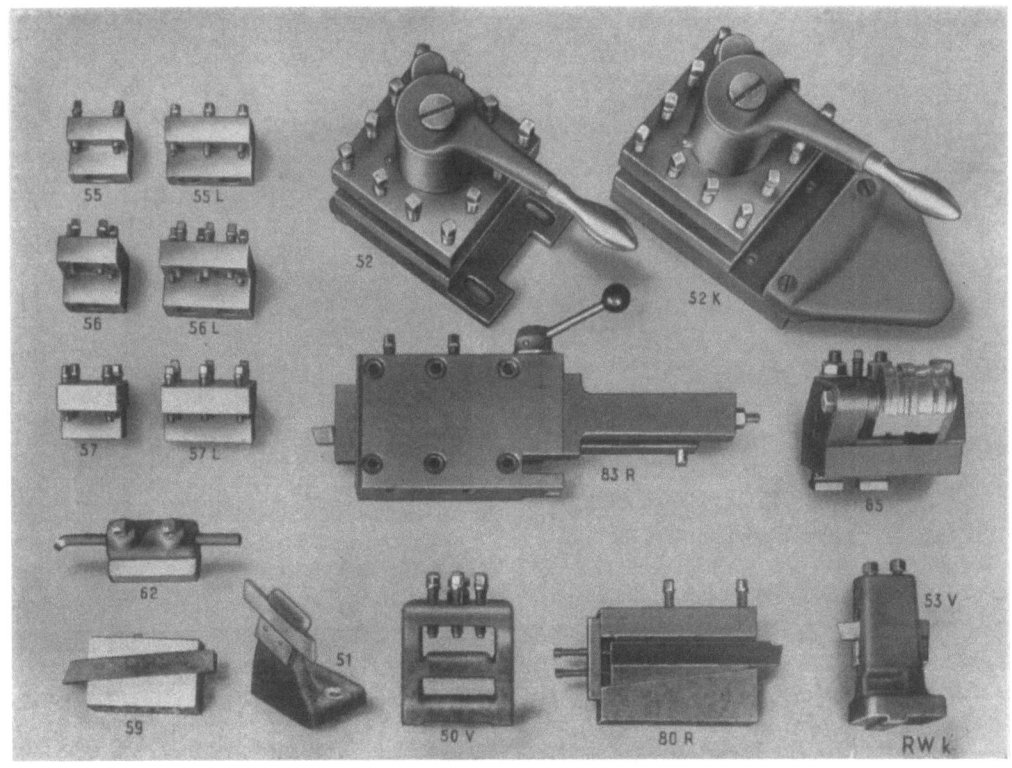

Stahlhalter für den Support der Produktionsbänke

zum Drehtisch Qd   zum langen Querschieber Ql

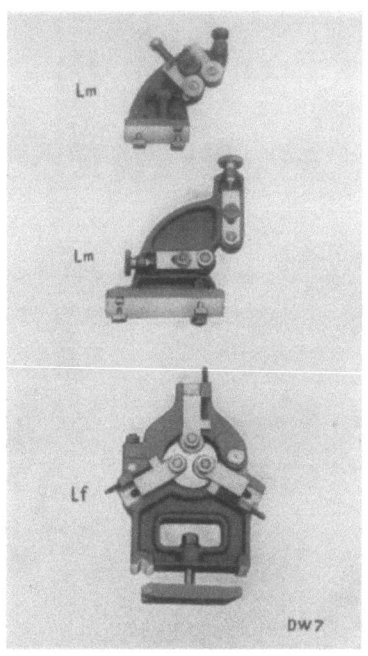

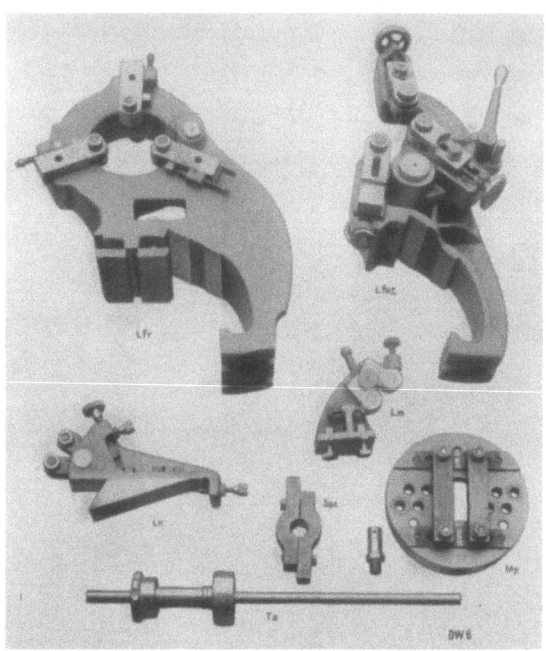

Lünetten

für Produktionsbänke   **für Vielstahlbänke**

Einstechstahlhalter zum Schruppen oder Schlichten der Mittellager. **Nr. 91** mit 2 Stählen, **Nr. 92** mit 1 Schwalbenschwanz-Messer, alle senkrecht gestellt

Stahlhalter Nr. 95
zum Drehen der Mittellager (längs oder plan)

Einstechstahlhalter Nr. 93
mit auswechselbaren Tangentialstählen

Einstechstahlhalter Nr. 94
mit auswechselbaren Radialstählen

Nr. 93 und Nr. 94 dienen zum gleichzeitigen Drehen aller Wangenseiten bis zum Anlaufbund, wobei die eigentlichen Stahlhalter vom Vordrehen zum Nachdrehen gewechselt werden

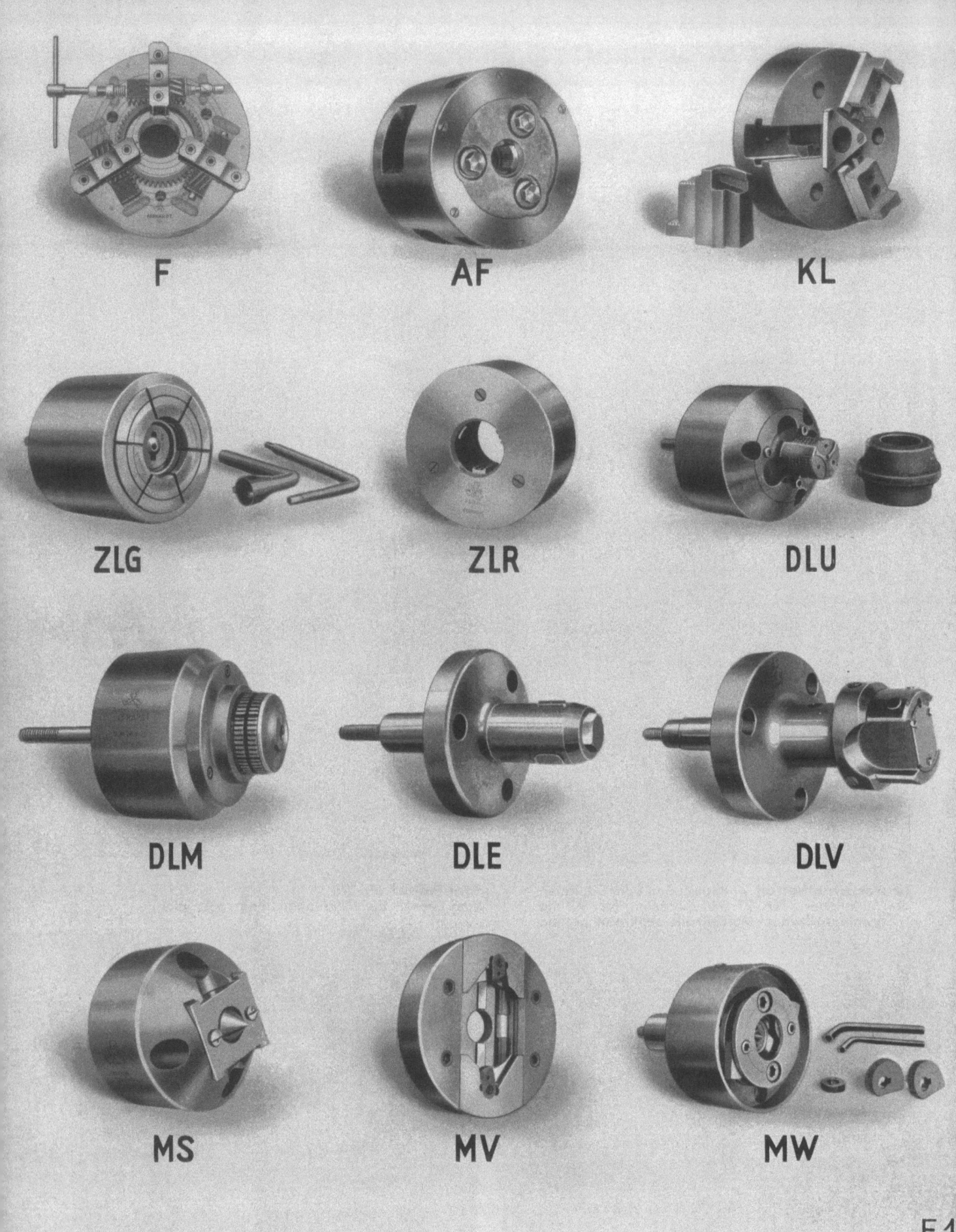

**SPANNZEUGE FÜR SPITZEN-, DORN- UND FUTTERARBEITEN
ZU DEN PRODUKTIONS- UND VIELSTAHLBÄNKEN**

AUFSTELLUNGSPLÄNE

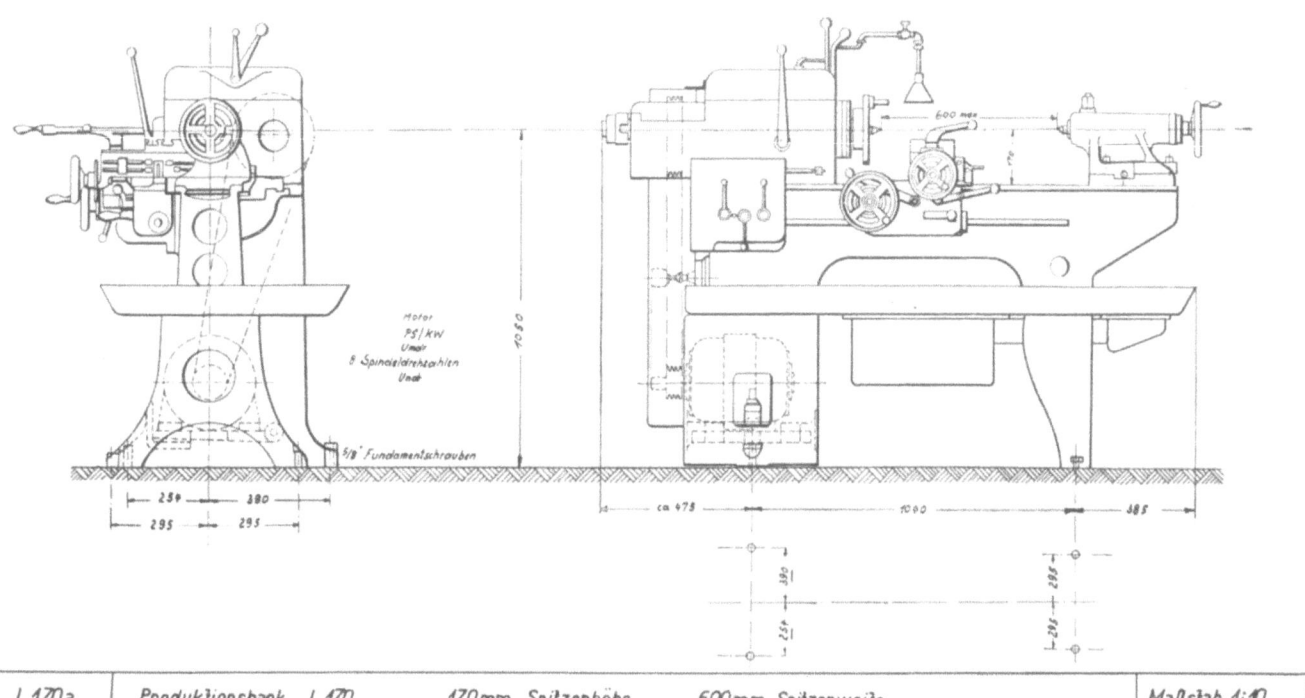

| L 170 a | Produktionsbank L 170 | 170 mm Spitzenhöhe | 600 mm Spitzenweite | Maßstab 1:10 |

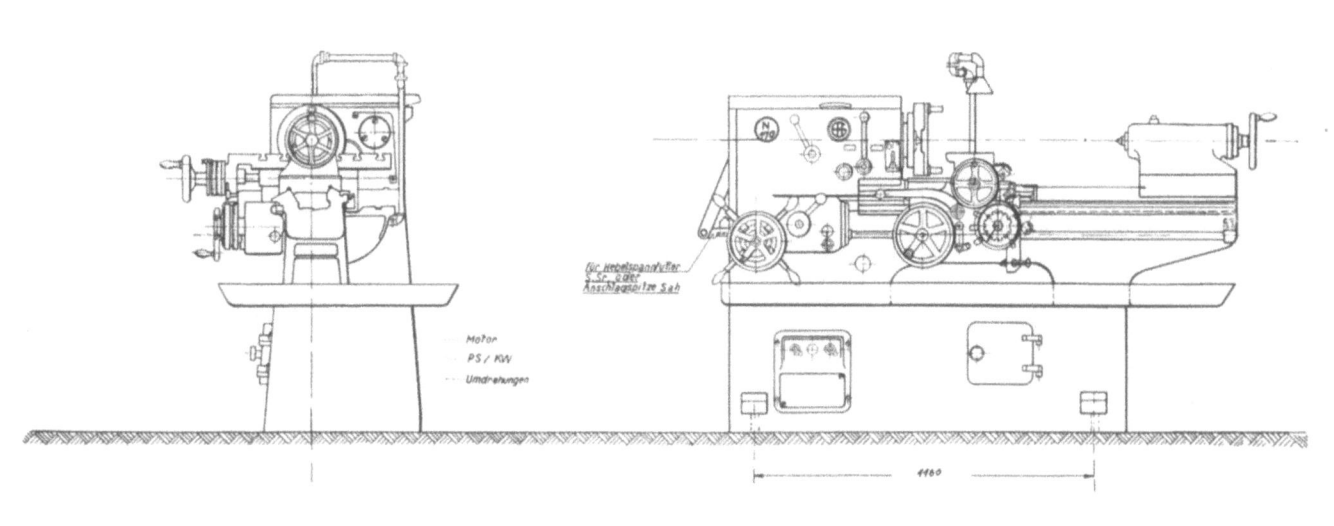

| N 470 | Produktionsbank | 170 mm Spitzenhöhe | 20.9.38 | Maßst. 1:10 |

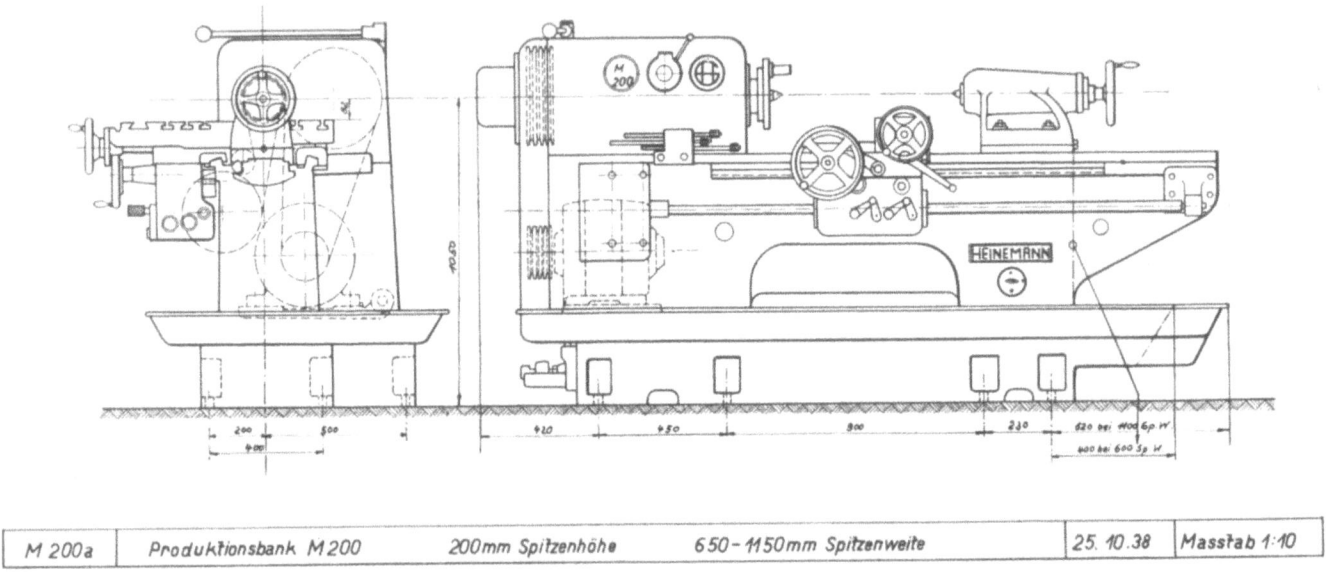

| M 200a | Produktionsbank M 200 | 200mm Spitzenhöhe | 650-1150mm Spitzenweite | 25.10.38 | Masstab 1:10 |

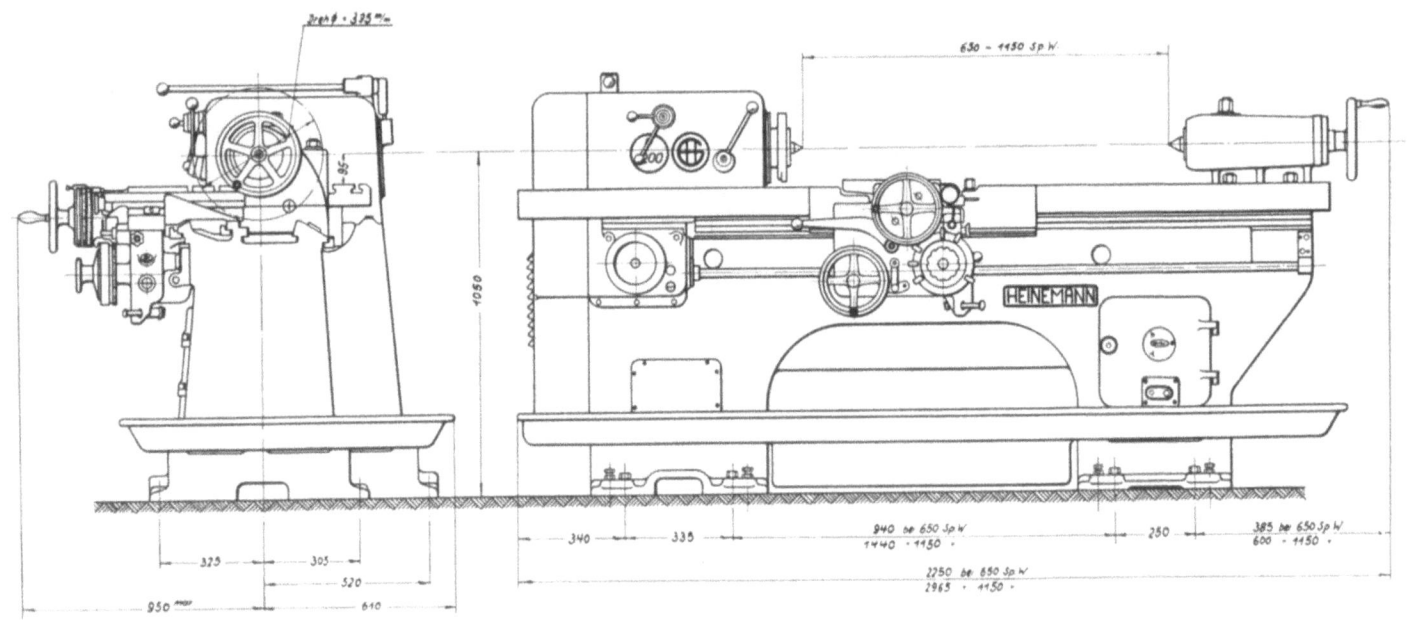

| P 200 | Produktionsbank P 200 | 200mm Spitzenhöhe | 650-1150mm Spitzenweite | 18.8.1938 | Masstab 1:1 |

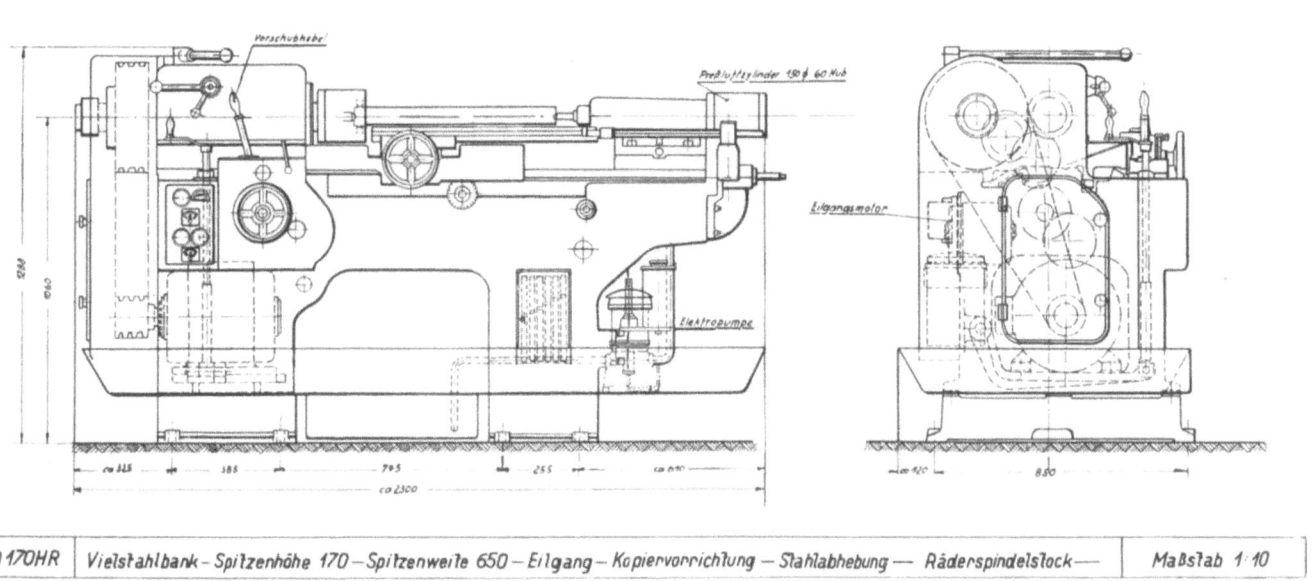

| Q 250 | Produktionsbank Q 250 u. Q 300 | 250 u. 300 mm Sp.Höhe | 600–2100 mm Sp.Weite | M 1:10 |

| D 170 HR | Vielstahlbank – Spitzenhöhe 170 – Spitzenweite 650 – Eilgang – Kopiervorrichtung – Stahlabhebung – Räderspindelstock | Maßstab 1:10 |

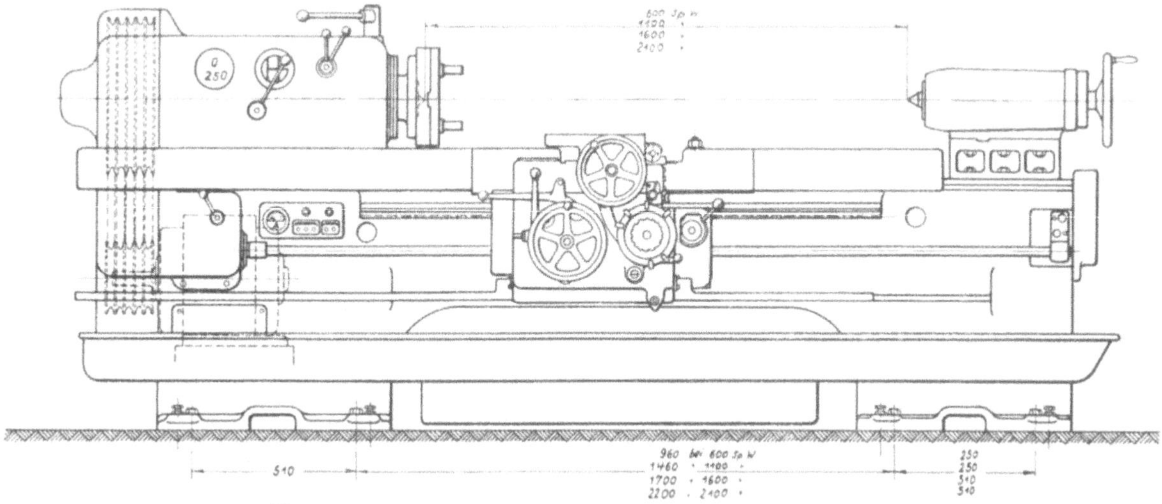

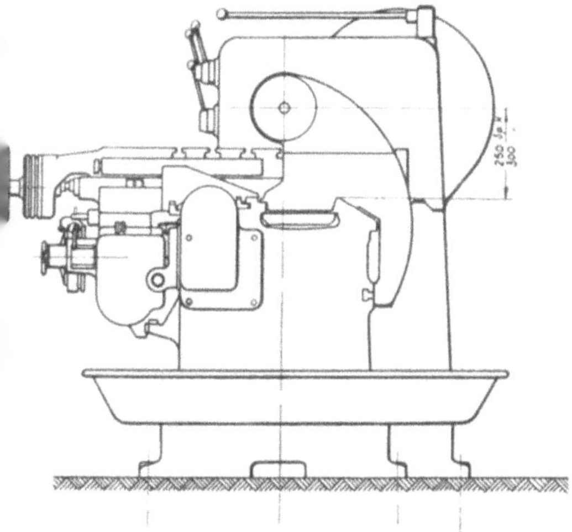

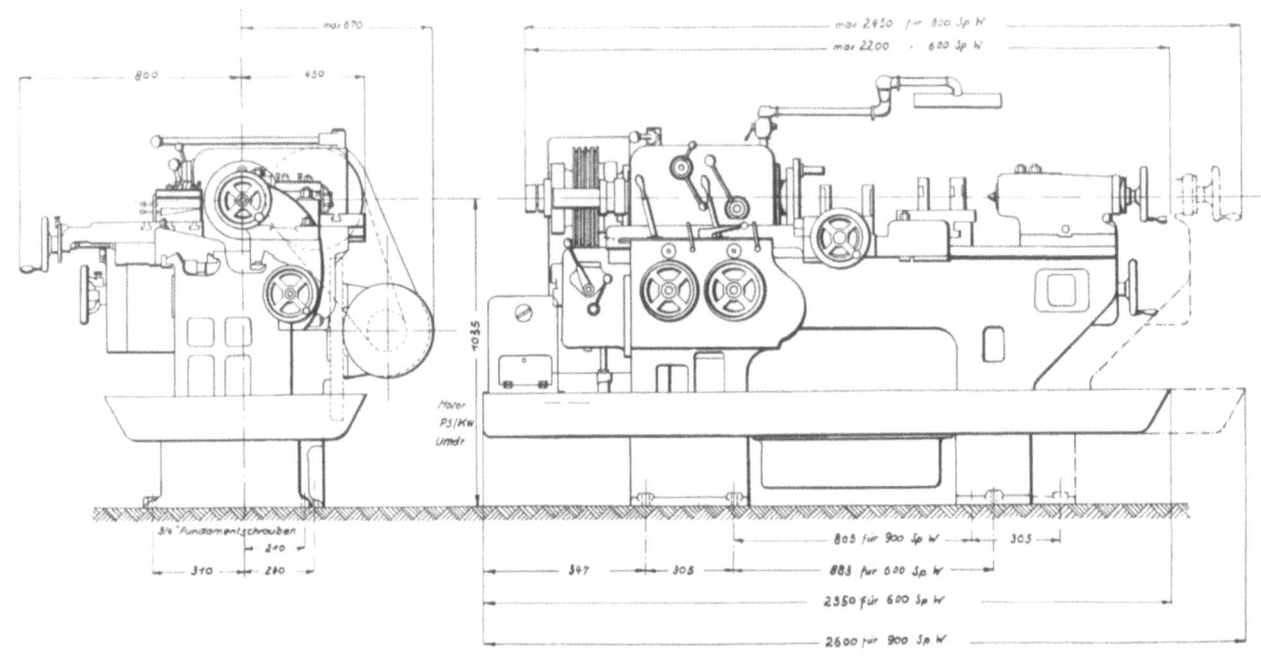

| D170 a | Vielstahlbank | D 170 × 600/900 | 170mm Spitzenhöhe | 600 u. 900mm Spitzenweite | 20.11.36 | Maßstab 1:10 |

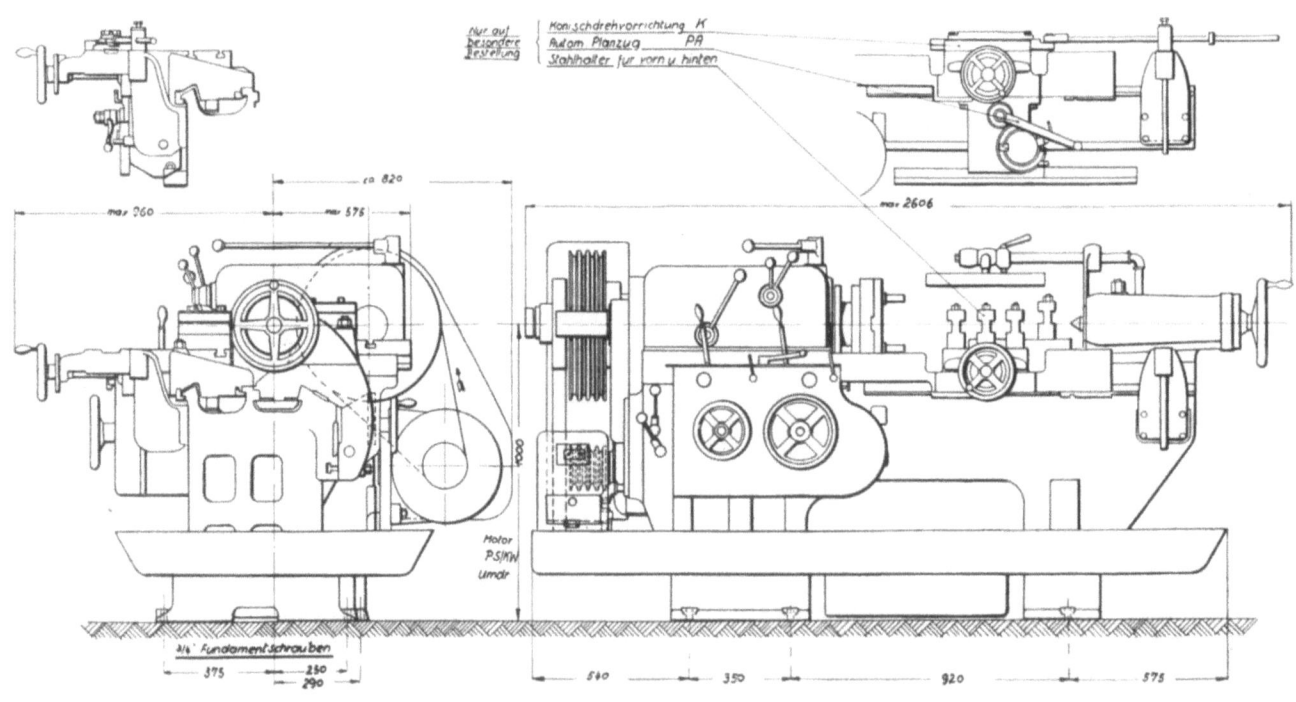

| D200 a | Vielstahlbank | D 200 × 600 | 200mm Spitzenhöhe | 650mm Spitzenweite | 21.11.36 | Maßstab 1:10 |

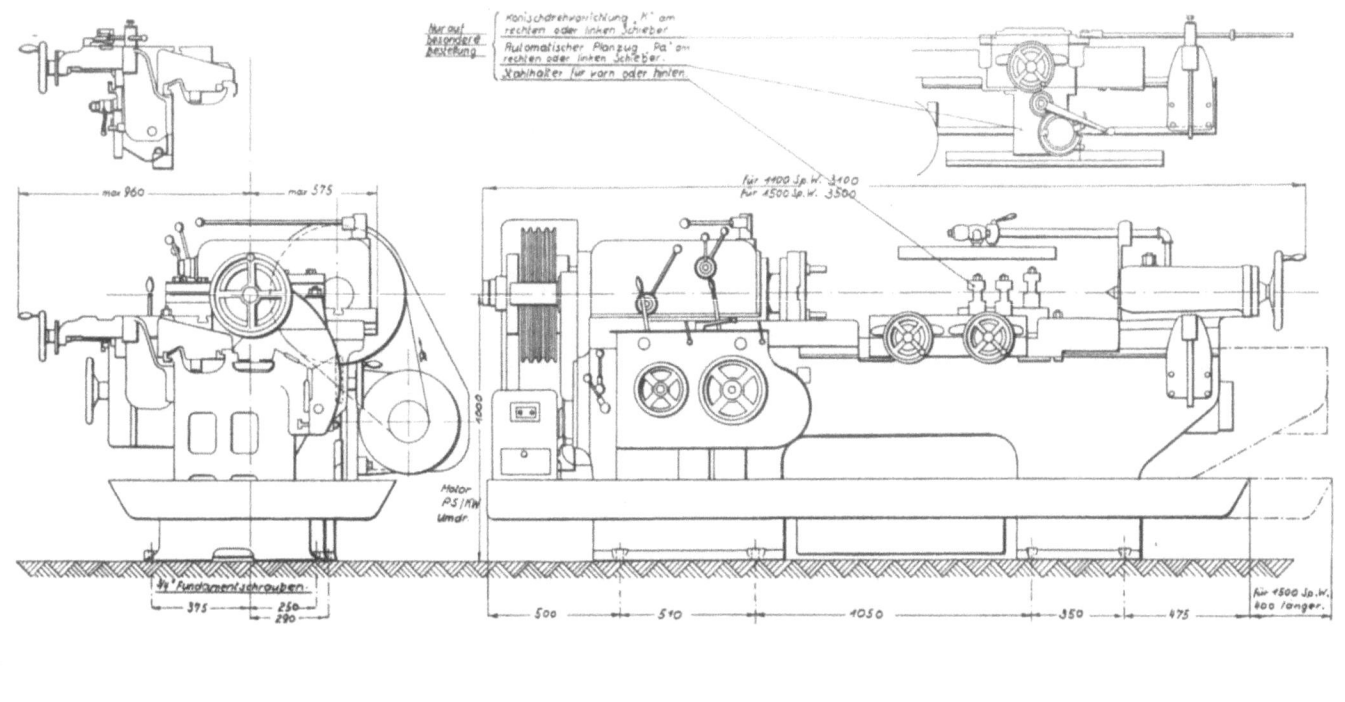

| D200c | Vielstahlbank D200 × 1100 u. 1500 | 200mm Spitzenhöhe | 1100 u. 1500 mm Spitzenweite | 4.12.1936 | Maßstab 1:10 |

| D200d | Vielstahlbank D200×2100 | 200mm Spitzenhöhe | 2100mm Spitzenweite | M. 1:10 |

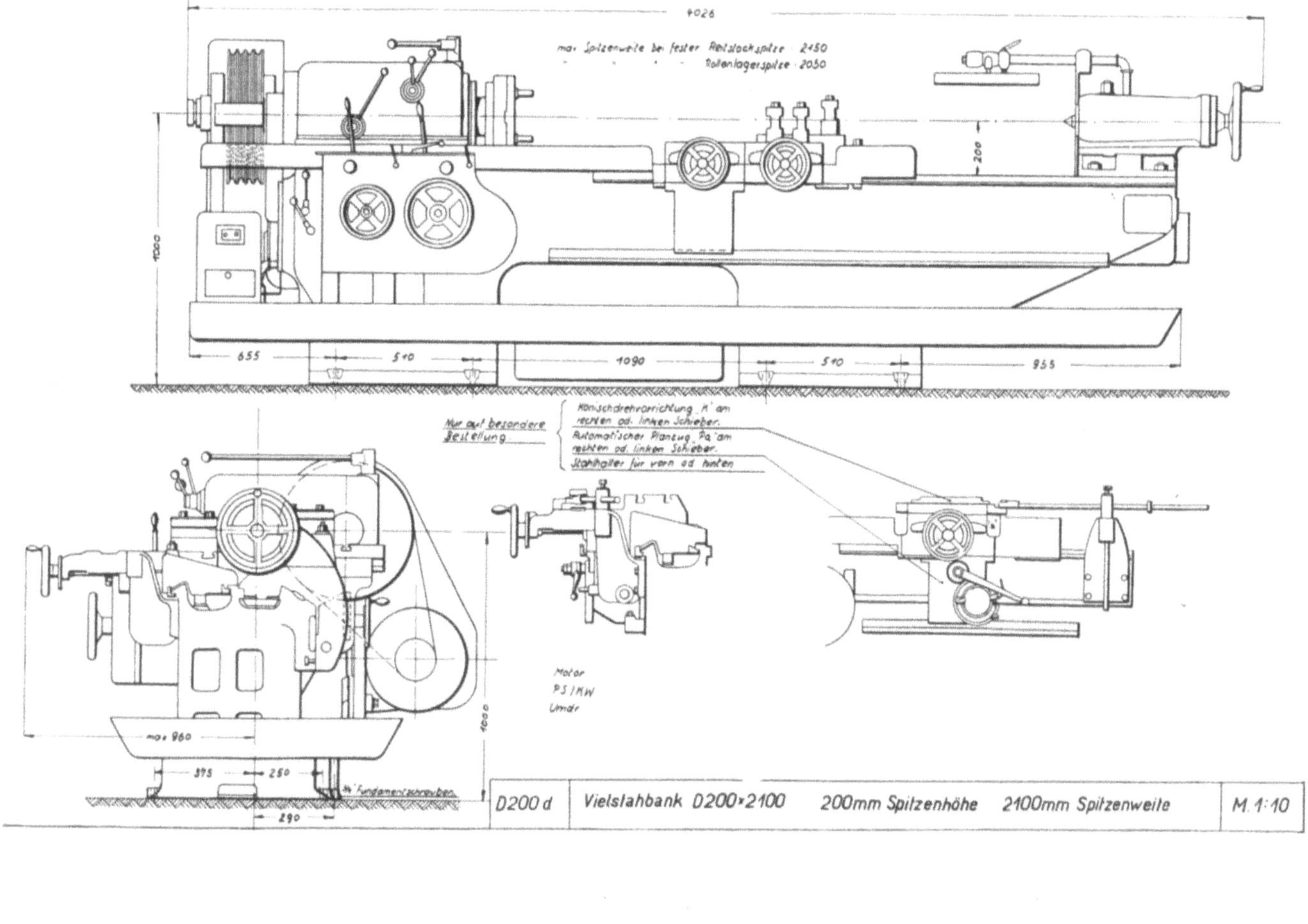

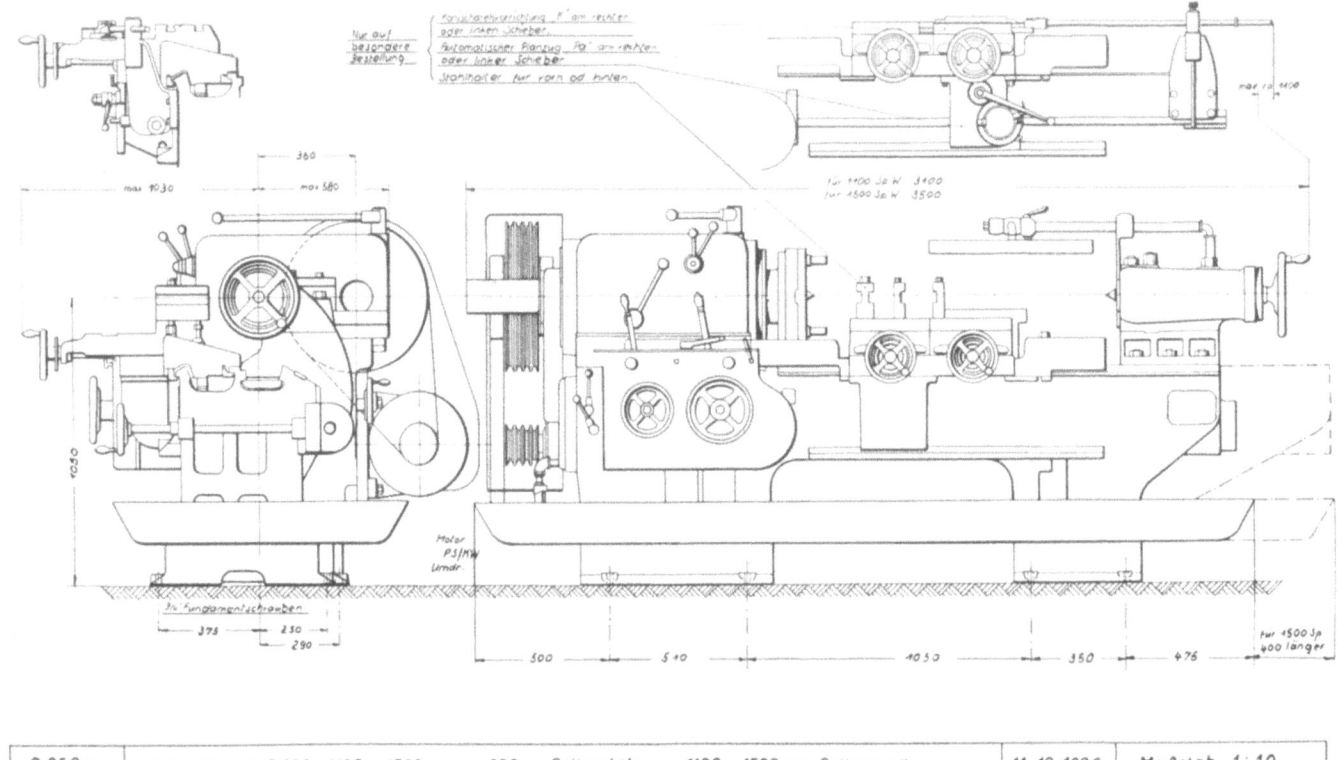

| D250c | Vielstahlbank D250 × 1100 u. 1500 | 250mm Spitzenhöhe | 1100 u. 1500mm Spitzenweite | 11.12.1936 | Maßstab 1:10 |

| D280a | Vielstahlbank D280 × 2100 u. D250 × 2400 | 250 u. 280mm Spitzenhöhe | 2100mm Spitzenweite | | Masst. 1:10 |

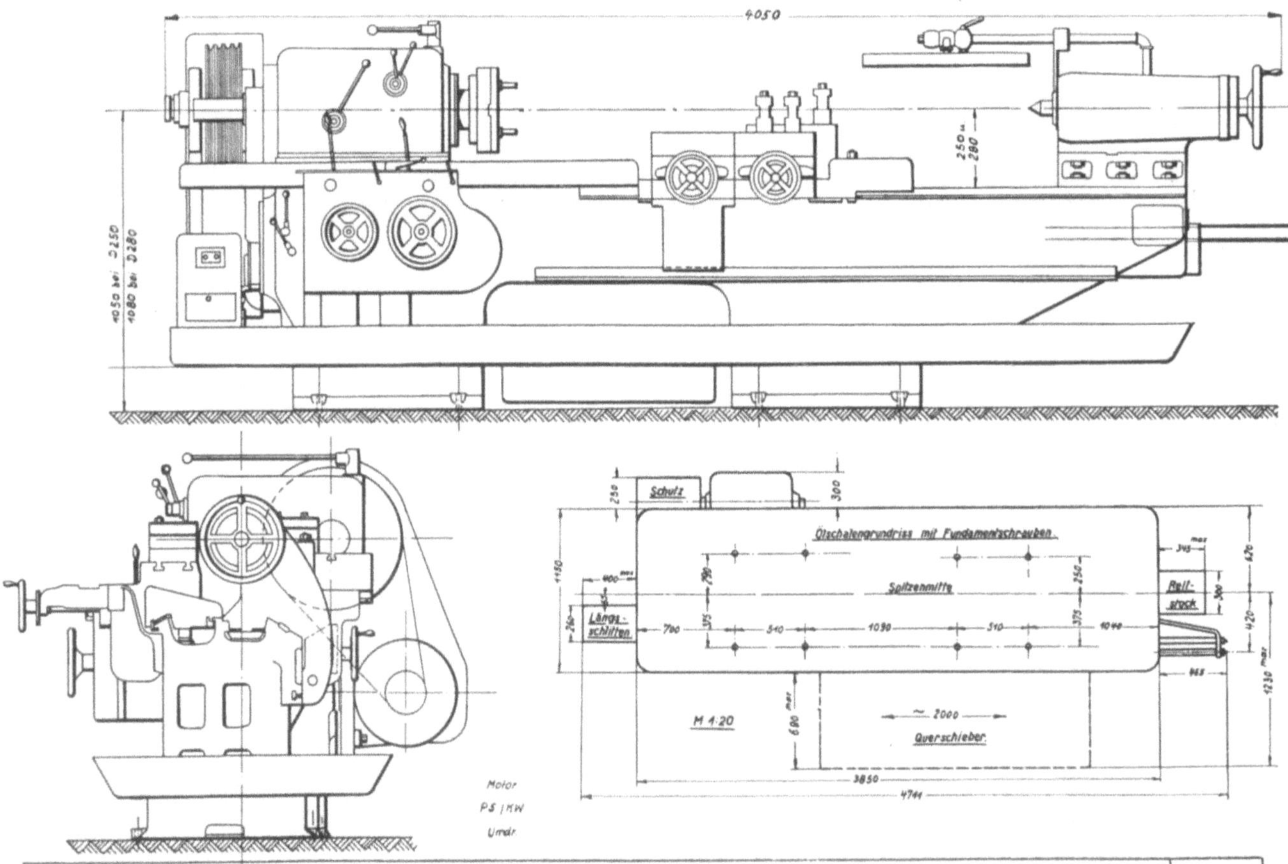

MASSTAFELN FÜR DIE VIELSTAHLBÄNKE

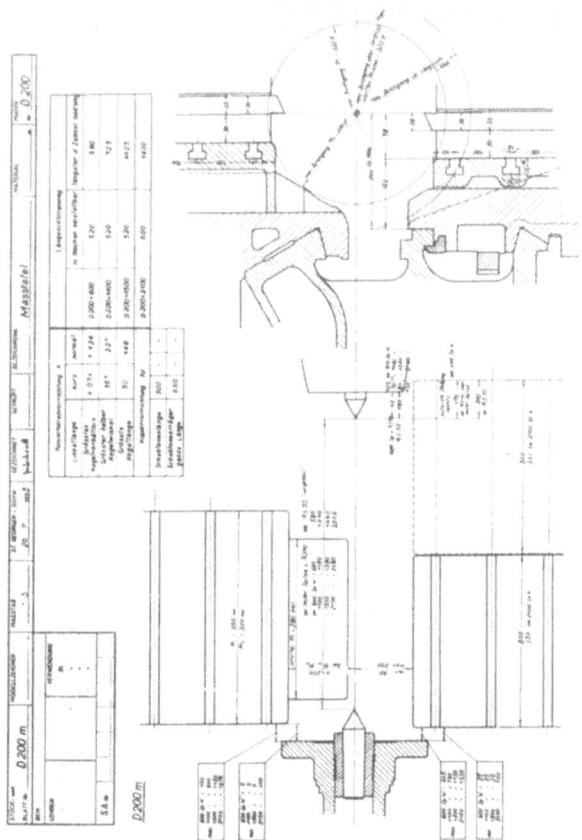
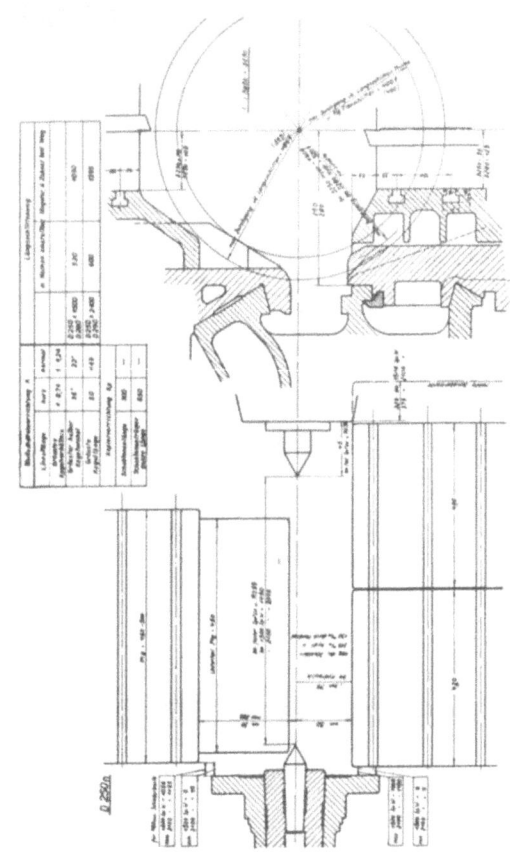
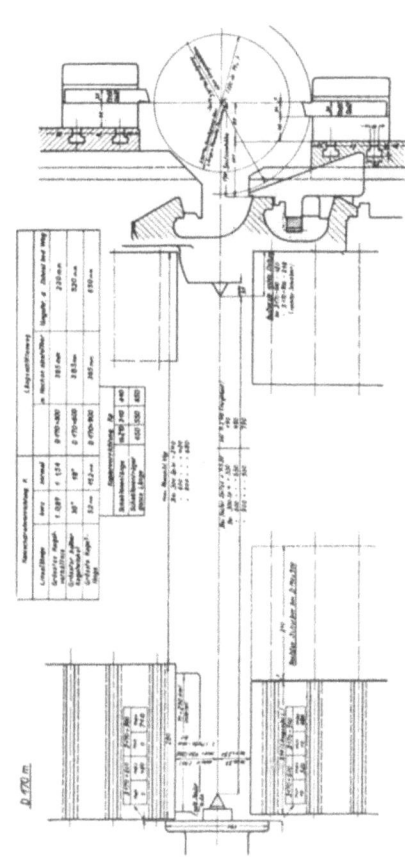
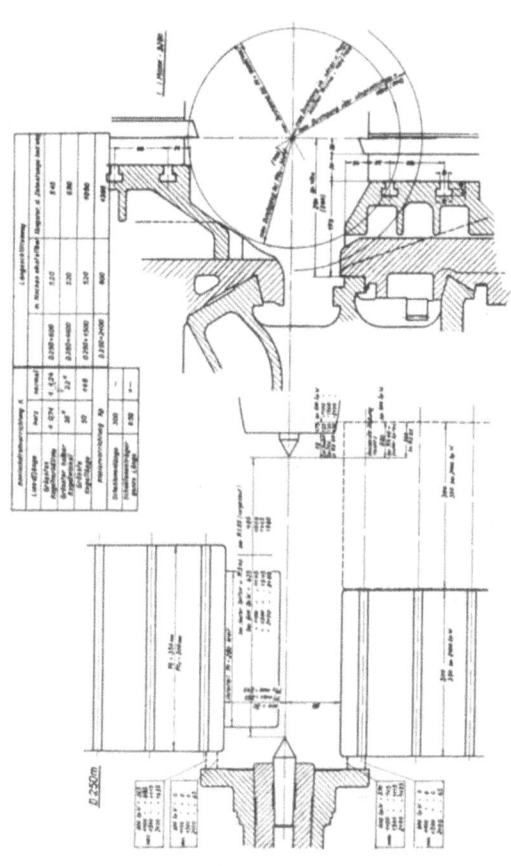

BERECHNUNG DER ARBEITSZEITEN

Hierzu dienen die Tafeln der **Drehzahlen** und **Vorschübe** S. 36 u. 37. Die ersteren können nach oben oder unten geändert werden.

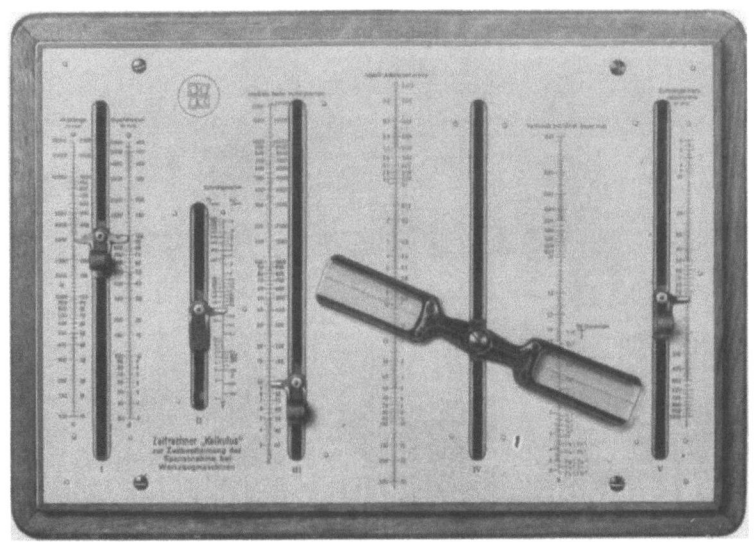

Die Schnitt- und **Vorschubgeschwindigkeitstafel** Seite 33 gibt erprobte Werte ebenso die **Handzeitentafeln** Seite 34 u. 35.

Das nebenstehende Rechengerät „Kalkulus" erleichtert und beschleunigt die viele Rechenarbeit ganz erheblich.

Die gewünschte Leistung hängt hauptsächlich von der in die Maschine geschickten Energie ab. Unsere Bänke übertragen maximal:

	Antriebsdrehzahl	PS/KW	Antriebsdrehzahl	PS/KW
Modell L 170	1075	5/3,7	1500	6/4,5
Modell N 170	1150	6,5/5	1550	8/6
Modell M 200, P 200 u. D 170	720	10/7,5	1450	16/12
Modell Q 250 u. D 200	430	20/15	770	30/23
	550	28/21		
Modell D 250 u. D 280	395	22/16	660	35/26

Der erforderliche Kraftbedarf hängt in erster Linie von der Schnittgeschwindigkeit, dann vom Gesamt-Spanquerschnitt und der Anzahl der Stähle ab.

Bei den **Zeitberechnungen** muß die **Stärke des Antriebmotors** beachtet werden, da man den bei den hohen Schnittgeschwindigkeiten erforderlichen großen Kraftbedarf leicht unterschätzt.

Folgende beiden einfachen Rechenverfahren führen rasch und genügend genau zum Ziel:

A) Aus vielen Drehversuchen ist die nebenstehende Tafel entstanden, die für jeden Werkstoff und die verschiedenen Motorgrößen den **Größtwert F · v** (Produkt aus Spanquerschnitt F und Schnittgeschwindigkeit v) enthält, der nicht überschritten werden darf.

Der Kraftverbrauch ist am Motor, nicht an der Stahlschneide gemessen. Die Drehversuche sind mit dem Spindelstock S. 29 vorgenommen worden, dessen Wellen auf Wälzlagern laufen, dasselbe gilt für die Reitstockspitze.

Aus dieser Tafel ergibt sich z. B. für St. 60. 11:

Ein Spanquerschnitt von $F = 10$ qmm benötigt bei $v = 20$ m/Min. 7,5 KW am Motor gemessen, oder

$$200 \; F \cdot v = 7{,}5 \; KW.$$

Die Zahl 200 sei der Größtwert F·v genannt. Man braucht bei der Zeitberechnung nur bei den größten Spänen und den höchsten Geschwindigkeiten diesen Wert kontrollieren. Es läßt sich auch aus ihm die zulässige Schnittgeschwindigkeit oder der größte Spanquerschnitt berechnen z. B.:

Auf einer Drehbank mit einem Motor von 15 KW sei ein Werkstück aus ECMO 100 mit 80 m zu schruppen, welcher Spanquerschnitt ist zulässig?

Der Größtwert ist nach der Tafel für diesen Motor und diesen Werkstoff = 330, folglich ist $F = \dfrac{330}{80} = 4{,}15$ qmm.

B) Für den andern Weg braucht man den Rechenschieber Fig. 1 und 2 S. 30 folgendermaßen:

Es sei an einem Werkstück aus St. 60. 11 ein Span von 5 qmm Querschnitt mit 20 m Schnittgeschwindigkeit abzudrehen. Wieviel KW benötigt die Bank?

In der 4. Spalte der auf der linken Seite befindlichen Tafel S. 28 finden wir den spez. Schnittwiderstand $k_s = 235$, stellen die nächst passende Zahl 240 unter die Schnittgeschwindigkeit $v = 20$ und in der oberen wagrechten Reihe und finden am senkrechten Fenster unten rechts vom Spanquerschnitt 5 qmm die KW-Zahl 3,88. Wenn wir diese durch den Wirkungsgrad der Drehbank, mit 0,85 angenommen, teilen, gibt es eine Motorleistung von 4,5 KW.

TAFEL DES KRAFTBEDARFS UND DER GRÖSSTWERTE F · v

Werkstoff	Span-querschnitt F in qmm	SS Stähle		Hartmetall		Modell						
		Schnittge-schwindigk. v in m/Min.	Kraftbedarf KW	v in m/Min.	Kraftbedarf KW	L 170 4 KW	N 170 5 KW	M u. P 200 7,5 KW	D 170 10 KW	Q 250 15 KW	D 200 20 KW	D 280 30 KW
St. 42.11	10	20	6	100	30	130	160	245	325	490	650	980
St. 60.11	10	20	7,5	100	38	105	130	195	260	390	525	780
St. 70.11	10	20	8,2	100	42	95	120	180	240	360	475	720
ECMO 100 80 kg. Festgk.	10	20	9	100	45	90	110	160	225	335	450	670
St. G. 60.81	10	20	6,6	100	34	120	150	225	300	450	600	900
Ge 150 BE	10	20	4,2	100	21	190	240	365	475	730	950	1460
Ge 200 BE	10	20	4,8	100	24,5	165	205	310	410	615	825	1230
Bronce 80 BE	10	20 / 40	3,8 / 7,6	200	39	210	260	390	525	780	1050	1580
Bronce 110 BE	10	20 / 40	5 / 10	200	48	160	200	300	400	600	800	1200
Aluminium	10	—	—	500	42	475	600	820	1190	1640	2375	3280
Magnesium	10	—	—	500	25	800	1000	1500	2000	3000	4000	6000

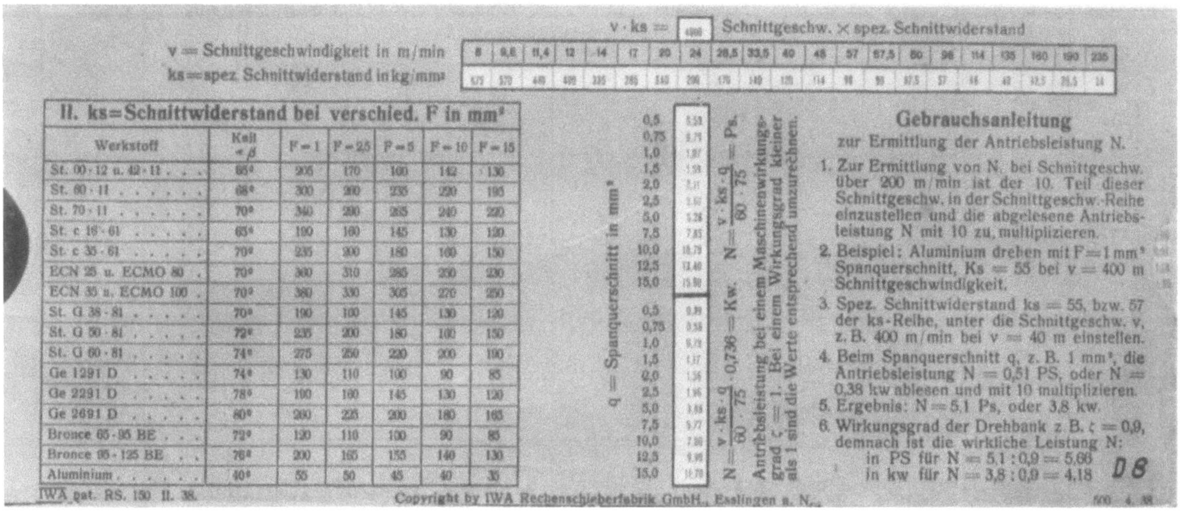

Fig. 1

Ebenso kann man aus der Motorleistung die Schnittgeschwindigkeit bestimmen, z. B.:

Der Motor der Drehbank leistet 20 KW, das sind 17 KW an der Stahlschneide; es soll ein Span von 10 qmm in GE 2291 D genommen werden. Welche Schnittgeschwindigkeit ist zulässig?

Man verschiebt die Zunge des Rechenschiebers bis die nächstpassende KW-Zahl 15,7 bei 10 qmm steht. Die ks-Zahl ist für den genannten Werkstoff 130, oben liest man die Schnittgeschwindigkeit über der Zahl 120 (als nächste an 130) mit 80 m ab.

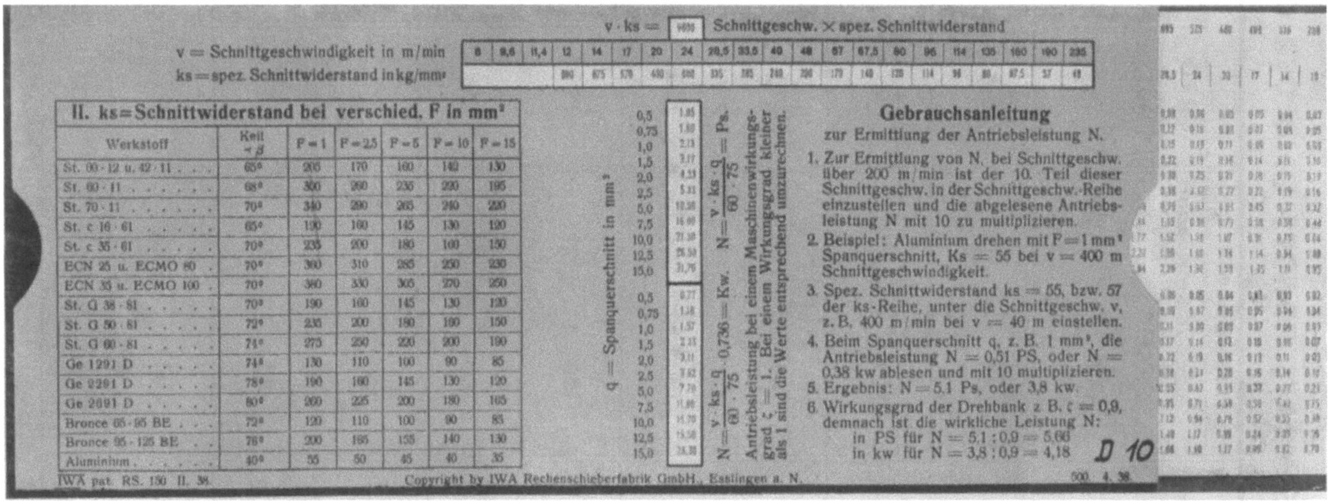

Fig. 2

Bei dem Verfahren B muß man den Wirkungsgrad der Drehbank hauptsächlich bei den hohen Drehzahlen schätzen, weshalb das Verfahren A vorzuziehen ist.

Die Ergebnisse beider Rechenarten weichen bei einigen Werkstoffen bis zu 25 v. H. voneinander ab, bei anderen stimmen sie gut überein:

Bei St. 42. 11 gibt der Drehversuch 6 KW an, der Schieber $\frac{4,8}{0,85} = 5,7$ KW

„ St. 60. 11 „ „ „ 7,5 „ „ „ „ $\frac{8}{0,85} = 9,5$ KW

„ ECMO 100 „ „ „ 9 „ „ „ „ $\frac{9}{0,85} = 10,5$ KW

„ GE 150 Be „ „ „ 4,2 „ „ „ „ $\frac{3,1}{0,85} = 3,7$ KW

„ Aluminium „ „ „ 42 „ „ „ „ $\frac{31}{0,85} = 37$ KW

Da die Versuche für 100 m Schnittgeschwindigkeit sehr genau den 5 fachen Kraftverbrauch von 20 m ergaben scheint die Tafel S. 27 genau genug zu sein. Das Rechnen mit der Motor-(Brutto)-Leistung ist auch zweckmäßiger. Bei den Versuchen mit Hartmetallwerkzeugen sind nur Drehzahlen unter 750 benutzt worden, sodaß keine übertrieben hohe Leerlaufsarbeit (s. S. 29) das Ergebnis beeinflußt hat.

Ueber die **Leerlaufarbeit** geben die nachstehenden Versuche an einer Revolver- und zwei Vielstahlbänken von 170 und 200 mm Spitzenhöhe Auskunft.

Die Spindelstöcke dieser Maschinen sind von der einfachsten Konstruktion für 8 Geschwindigkeiten, die durch 4 Schieberäder auf der Antriebswelle und einem Schieberadpaar auf der Drehspindel erzielt werden. Keine lose laufenden Räder.

Antriebs-, Zwischenradwellen und die Drehspindel laufen auf Wälzlagern. In den nachstehenden Tafeln 3 — 5 ist auch die Leerlaufarbeit des Vorschubgetriebes und des Eilgangs enthalten.

Tafel 3 Revolverbank-Spindelstock **B 32** 170 mm Sp. H.		Tafel 4 Spindelstock **D 170** 170 mm Sp. H.		Tafel 5 Spindelstock **D 200** 200 mm Sp. H.	
Spindeldrehzahl n	KW	Spindeldrehzahl n	KW	Spindeldrehzahl n	KW
800	0,5	180	0,4	200	0,4
1200	0,7	480	0,6	490	0,6
1700	1,2	740	1,1	600	0,88
2100	1,7	960	1,5	700	1,31
2570	2,7	1300	2,2	960	2,4
2770	3,7	1500	2,8	1085	3,5
		1900	3,8		
		2100	4,3		

Schaubild der Leerlaufarbeit

Man sieht aus den Parabel-Schaulinien, daß die Leerlaufsarbeit mit dem Quadrat der Geschwindigkeit wächst, wie es der Theorie entspricht. Trotz der sehr einfachen Bauart und der Verwendung von Wälzlagern steigt erstere auf recht große Werte bei den höheren Drehzahlen an.

Beim kleinsten Spindelstock Tafel 3 einer Revolverbank von 42 mm Bohrung ist die Leerlaufsarbeit bei rund 2800 Umdrehungen 3,7 KW, man muß statt des normal benutzten Motors von 4 KW einen von 5 KW nehmen, um wenigstens 1,3 KW für die Nutzarbeit zu haben. Beim mittleren Spindelstock nach Tafel 4 ist die Leerlaufsarbeit 2,8 KW bei 1500 Umdrehungen. Bei dem für diese Maschine üblichen Motor von 10 KW ist sie 28 v. H., also erträglicher. Die großen Spindelstöcke nach Tafel 5 laufen selten über 600 Umdrehungen, bei dieser Drehzahl ist der Verlust bei einem Motor von 20 KW nur noch 4 v. H.

Diese Feststellungen weisen darauf hin, die Drehzahlen nicht übermäßig hoch zu schrauben, da der Kraftverbrauch sonst zu stark ansteigt und die Nettoleistung des Motors zu gering wird.

Drehen von Kurbelwellen auf unseren Vielstahlbänken D 280 × 2100 bei der Firma Rheinmetal-Borsig in Berlin

Es soll nun die **Zeitberechnung** einer **Ankerwelle** aus St. 60.11 nach dem nebenstehenden Arbeitsplan für eine Vielstahlbank mit einem Motor von 30 KW ausgeführt werden. Die Kraftberechnung selbst ist nur für die Schruppoperation nötig.

Beim Schruppen arbeiten vorn 4 Stähle gleichzeitig, die 7 Planstähle kommen erst nach dem beendeten Längsdrehen in Schnitt. Für 1 Kopierstahl wäre die Spantiefe von 19 mm zu hoch, man nimmt daher lieber 2 Stähle, die länger halten als einer. Da die Spantiefe durch die Maße der Welle gegeben sind, lautet die Frage:

Welche Vorschübe und Schnittgeschwindigkeiten wählt man, um den Motor voll zu belasten?

Bei 0,33 mm Vorschub ist der Gesamt-Spanquerschnitt

$$(2 + 2 + 9{,}5 + 9{,}5) \cdot 0{,}33 = 7{,}6 \text{ qmm.}$$

Der Größtwert ist 800, die Schnittgeschwindigkeit daher

$$\frac{800}{7{,}6} = 105 \text{ m.}$$

Da der 4. Stahl am kleineren Durchmesser 71 mm angreift, sein Kraftverbrauch also geringer ist, so kann die Schnittgeschwindigkeit im Ganzen etwas erhöht werden auf schätzungsweise 110 m. Zur Kontrolle sei jeder Stahl nachgerechnet:

$$\begin{aligned}
\text{Wert für 2 Stähle mit } (2 + 2) \cdot 0{,}33 \cdot 110 &= 145 \\
\text{Wert für 1 Stahl } \quad 9{,}5 \times 0{,}33 \cdot 110 &= 345 \\
\text{Wert für 1 Stahl } \quad 9{,}5 \times 0{,}33 \cdot 88 &= 275 \\
\text{Größtwert} &= 765
\end{aligned}$$

Der Motor ist also mit $\frac{765}{800} \cdot 30 = 29$ KW belastet.

Der zur Prüfung dieser Rechnung vorgenommene Drehversuch stellte eine etwas größere Motorleistung von 31 KW fest, sie erklärt sich durch die beiden kleinen Spanquerschnitte von 0,66 und 3 qmm, während der Tafel I ein Spanquerschnitt von 10 qmm zu Grunde liegt.

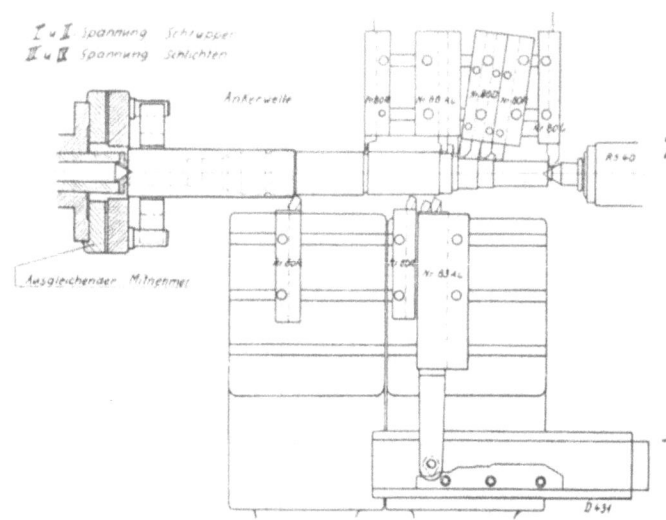

ZEITBERECHNUNG EINER ANKERWELLE
aus St. 60.11

90 mm ⌀, 800 mm lang

A 40 B Stück Nr.	Ankerwelle Bezeichnung		St. 60.11 Werkstoff	D 200 Maschine		Inv. Nr.	
Operations-Nr.	Vorrichtungs-Nr.			1 Aufspannung		1 Stück	
Op.-Folge	Arbeitsstufe	⌀ mm	Weg	Vorschub mm/Umdr.	Schnittgeschw. m. Min.	Umdreh. i. d. M.	Hand-Z. i. Min.	Masch.-Z. i. Min.
	I. Spannung im Mitnehmer MV							
1	Zwischen Spitzen spannen						1,0	
2	längs schruppen	90	250	0,33	110	390	0,8	17
3	plan schruppen	86	20	0,19			0,3	0,25
4	ausspannen						1,0	
	II. Spannung							
5	Zwischen Spitzen spannen	90	250	0,33	110	390	1,0	
6/7	wie I. Spannung 2 und 3	86	20	0,19			1,1	1,95
8	ausspannen						1,0	
	III. Spannung							
9	Zwischen Spitzen spannen						1,0	
10	plan schlichten / längs schlichten gleichzeitig	85 / 85	20 / 250	0,037 / 0,33	150 / 150	560	0,8	(0,8) 13
11	ausspannen						1,0	
	IV. Spannung							
12/14	wie III. Spannung 9 bis 11						3,1	1,3
Ausgefertigt: 1. 10. 1936			Einrichtezeit: 1,2 Std.			12,4	6,5
Geprüft: 3. 10. 1936			Zuschlag auf Hand-Zeit 20 %			2,5	—
Arbeitsplan: D 431			Zuschlag auf Masch.-Zeit 10 %			—	0,7
Firma: **Nors Elektrisk u. Brown Bovery, Oslo**			Gesamt-Zeit für 1 Stück			14,9 + 7,2	
			1 Stück =	22,1 Min. =		0,37 Std.	

1 Stück 22,1 Min.

TAFEL FÜR DEN KRAFTBEDARF BEIM BOHREN AUS DEM VOLLEN

Bohrer ⌀	Vorschub mm	St. 42.11 30 m Schnittgeschw. KW		St. 60.11 20 m Schnittgeschw. KW		ECMO 100 geglüht 15 m Schnittgeschw. KW		Vorschub mm	Gußeisen bis 200 BE 20 m Schnittgeschw. KW	
		brutto	netto	brutto	netto	brutto	netto		brutto	netto
10	0,1	0,40	0,35	0,3	0,25	0,26	0,22	0,2	0,3	0,25
15	0,15	0,95	0,8	0,65	0,55	0,6	0,5	0,3	0,6	0,5
20	0,2	1,75	1,5	1,3	1,1	1,1	0,95	0,4	1	0,85
25	0,25	2,35	2	1,63	1,4	1,4	1,2	0,5	1,4	1,2
30	0,3	3,75	3,2	2,6	2,2	2,35	2	0,6	2	1,7
40	0,3	5	4,2	3,4	2,9	3,3	2,7	0,6	2,85	2,4
50	0,3	6,5	5,5	4	3,4	3,5	3	0,5	3,3	2,8
60	0,4	9,6	8,2	6,5	5,5	5,8	4,9	0,8	5,8	4,9
70	0,4	12,5	10,7	8,5	7,2	7,5	6,4	0,8	6,8	5,8
80	0,4	14,5	12,3	9,8	8,3	8,8	7,4	0,8	7,5	6,3
90	0,4	15,3	13	10,3	8,7	9	7,8	0,8	7,7	6,6
100	0,4	17	14,7	11,2	9,5	9,7	8,3	0,8	8,8	7

SCHNITTGESCHWINDIGKEITEN UND VORSCHUBE

Werkstoff	Festigkeit kg	Drehen Schnittgeschwindigkeit in m/Min.			
		SS Stähle		Hartmetallwerkzeuge	
		Schruppen	Schlichten	Schruppen	Schlichten
St. 00.12	35 — 42	35 — 45	50 — 70	150 — 200	200 — 300
St. 42.11	42 — 50	30 — 40	40 — 60	120 — 170	170 — 250
St. 60.11	60 — 70	22 — 28	30 — 40	100 — 150	150 — 200
St. 70.11	70 — 85	18 — 24	25 — 30	70 — 90	100 — 150
Stg. 60.81	60	20 — 25	25 — 30	80 — 120	100 — 150
St. C. 16.61	35 — 45	45 — 45	50 — 70	150 — 200	200 — 300
St. C. 35.61	50 — 60	28 — 35	35 — 45	126 — 150	150 — 200
ECMO 80	70 — 80	18 — 24	20 — 30	80 — 100	100 — 150
ECMO 100	75 — 85	16 — 22	20 — 30	70 — 90	100 — 150
Zahnradstahl	70 — 80	18 — 24	20 — 30	80 — 100	100 — 150
Te	weich	26 — 30	30 — 40	80 — 100	100 — 150
Te	hart	18 — 24	25 — 30	50 — 70	80 — 120
Ge	140 — 190 BE	18 — 26	25 — 30	60 — 90	80 — 120
Ge	190 — 230 BE	12 — 18	20 — 25	50 — 70	80 — 120
Bronze	65 — 95 BE	40 — 50	60 — 80	250 — 300	300 — 500
Bronze	95 — 125 BE	30 — 35	40 — 50	150 — 200	200 — 300
Aluminium		150 — 100	200 — 250	500 — 800	500 — 1000

Werkstoff	Festigkeit kg in kg	Bohren und Senken						Reiben		Gewinde-schneiden
		Schnitt-geschw. m	Vorschub in mm bei einem Bohrer ⌀ von					Schnitt-geschw. m	Vorschub mm	Schnitt-geschw. m
			8 — 13	13 — 18	18 — 25	25 — 35	35 — 50			
St. 00.12	35 — 42	30 — 34	0,1 — 0,15	0,15 — 0,2	0,2 — 0,25	0,3 — 0,35	0,35 — 0,4	4 — 6	1 — 2	4 — 6
St. 42.11	42 — 50	26 — 30	0,1 — 0,15	0,15 — 0,2	0,2 — 0,25	0,3 — 0,35	0,35 — 0,4	4 — 6	1 — 2	4 — 6
St. 60.11	60 — 70	21 — 25	0,1 — 0,15	0,15 — 0,2	0,2 — 0,25	0,25 — 0,3	0,3 — 0,35	4 — 6	1 — 2	4 — 6
St. 70.11	70 — 85	17 — 21	0,08 — 0,15	0,15 — 0,2	0,2 — 0,25	0,25 — 0,3	0,3 — 0,35	4 — 6	1 — 2	3 — 4
Stg. 60.81	60	20 — 25	0,1 — 0,15	0,15 — 0,2	0,2 — 0,25	0,25 — 0,3	0,3 — 0,35	4 — 6	1 — 2	4 — 6
St.C. 16.61	35 — 45	30 — 34	0,1 — 0,15	0,15 — 0,2	0,2 — 0,25	0,3 — 0,35	0,35 — 0,4	4 — 6	1 — 2	4 — 6
St.C. 35.81	50 — 60	25 — 28	0,1 — 0,15	0,15 — 0,2	0,2 — 0,25	0,3 — 0,35	0,35 — 0,4	4 — 6	1 — 2	4 — 6
ECMO 80	70 — 80	17 — 21	0,1 — 0,15	0,15 — 0,2	0,2 — 0,25	0,25 — 0,3	0,3 — 0,35	3 — 5	1 — 1,8	3 — 4
ECMO 100	80 — 100	16 — 20	0,08 — 0,15	0,15 — 0,2	0,2 — 0,25	0,25 — 0,3	0,3 — 0,35	3 — 5	1 — 1,8	3 — 4
Zahnradstahl	70 — 80	17 — 21	0,1 — 0,15	0,15 — 0,2	0,2 — 0,25	0,25 — 0,3	0,3 — 0,35	3 — 5	1 — 1,8	3 — 4
Te	weich	25 — 30	0,1 — 0,2	0,2 — 0,25	0,25 — 0,35	0,3 — 0,4	0,35 — 0,4	6 — 8	1 — 2	4 — 6
Te	hart	16 — 22	0,1	0,15 — 0,2	0,2 — 0,25	0,25 — 0,3	0,25 — 0,35	4 — 6	1 — 2	3 — 4
Ge	140 — 190 BE	18 — 26	0,15 — 0,2	0,25 — 0,3	0,3 — 0,4	0,35 — 0,45	0,45 — 0,5	4 — 6	3 — 4	6 — 8
Ge	190 — 230 BE	12 — 18	0,1 — 0,15	0,2 — 0,25	0,25 — 0,35	0,25 — 0,35	0,35 — 0,4	3 — 4	2 — 4	3 — 6
Bronze	60 — 90 BE	30 — 40	0,1 — 0,15	0,15 — 0,2	0,3 — 0,3	0,3 — 0,35	0,35 — 0,4	8 — 12	2 — 4	6 — 8
Bronze	90 — 120 BE	20 — 30	0,1	0,1 0,15	0,15 — 0,25	0,2 — 0,3	0,25 — 0,3	4 — 6	1 — 2	4 — 6

GRUNDTAFEL FÜRS EINRICHTEN
ZEIT IN MINUTEN

Nr.	Modell	L u. N 170	M 200 u. P 200	Q 250	D 170	D 200 u. D 250
1	1 Wechselrad-Satz wechseln (für Plan- oder Längsschlitten)	—	—	—	3,00	4,00
2	Futter montieren mit Kran	2,00	4,00	15,00	4,00	15,00
3	Futter abmontieren	1,50	2,30	10,00	2,30	10,00
4	Mitnehmerscheibe auf oder abschrauben	0,80	1,20	5,00	1,20	5,00
5	Spitze mit Anschlag montieren	—	2,30	21,00	2,30	21,00
6	Spitze mit Anschlag abmontieren	—	1,55	21,00	1,55	21,00
7	1 Längs- oder Plananschlag einstellen (ohne verstell.)	1,00	1,30	1,40	1,30	1,40
8	Reitstockpinole wechseln	1,00	1,30	4,00	1,30	4,00
9	Reitstock verstellen (mit 4 Schrauben lösen u. befestigen)	1,00	1,35	2,15	1,35	2,15
10	Planschlitten „ („ 4 „ „ „ „ 250 lg.)	—	—	—	1,50	4,00
11	Planschlitten „ („ 4 „ „ „ „ 500 lg.)	—	—	—	2,00	4,15
12	Ein Stahlhalter auf Längsschlitten montieren	2,00	3,25	5,00	3,25	5,00
13	Ein Stahlhalter auf Längsschlitten abmontieren	1,00	2,00	4,10	2,00	4,10
14	Ein Stahlhalter auf Planschlitten montieren	—	—	—	3,25	6,40
15	Ein Stahlhalter auf Planschlitten abmontieren	—	—	—	2,00	5,40
16	Ein Stahl auf Planschlitten einstellen nach Muster	—	—	—	2,40	2,40
17	Ein Stahl auf Längsschlitten einstellen nach Muster	1,50	2,00	2,00	2,00	2,00
18	Ein Stahl ausspannen	0,30	0,35	0,35	0,35	0,35
19	Ein im Schnitt stumpf gewordener Stahl ausspannen, nachschleifen und wieder nach vorhandenem ⌀ einstellen	4,00	5,00	5,00	5,00	5,00
20	Backen im Futter nachsetzen	1,50	2,00	2,00	2,00	2,00
21	Backen im Futter wechseln	7,00	10,00	10,00	10,00	10,00
22	Kühlleitung einstellen	1,00	3,00	4,30	—	4,30
23	Konischdrehvorrichtung anbringen	5,00	6,50	15,00	6,5	15,00
24	Konischdrehvorrichtung abnehmen	4,00	4,50	9,00	4,50	9,00
25	Mitnehmerbolzen wechseln für 1 Stück	0,80	1,10	1,10	1,10	1,10
26	Feste Lünette auf- und abmontieren	0,80	1,10	1,20	1,10	1,20
	Griffzeiten					
1	Werkstück von Reichweite zwischen Spitzen heben	0,10	0,10	0,15	0,10	0,15
2	Pinole zumachen	0,08	0,10	0,12	0,10	0,12
3	Anschlag stellen	0,15	0,20	0,20	0,20	0,20
4	Zentrum ölen	0,10	0,10	0,10	0,10	0,10
5	Drehherz befestigen	0,15	0,20	0,30	0,20	0,30
6	Drehherz lösen	0,10	0,10	0,15	0,10	0,15
7	Anschlagspitze aufmachen	0,10	0,15	0,20	0,20	0,20
8	Pinole aufmachen	0,05	0,05	0,10	0,05	0,10
9	Werkstück in Reichweite ablegen	0,08	0,10	0,15	0,10	0,15
10	Hanfseil schlingenartig anlegen	—	—	0,10	—	0,10
11	Werkstück mit Kran v. Reichweite zwischen Spitzen heben	—	—	1,50	—	1,50
12	Schlinge entfernen	—	—	0,05	—	0,05
13	Kran wegschwenken	—	—	0,10	—	0,10
14	Kran holen und einhängen	—	—	0,20	—	0,20
15	Werkstück mit Kran in Reichweite ablegen	—	—	1,00	—	1,50
16	Eilgang einrücken	—	—	0,05	0,05	0,05
17	Längsschlitten in Anfangsstellung bringen	0,08	0,10	0,10	0,10	0,10
18	Längsschlitten in Anfangsstellung nach Anschlag	—	—	—	—	—
19	Eilgang ausrücken	—	0,05	0,05	0,05	0,05
20	Support anstellen	0,04	0,05	0,10	0,05	0,10
21	Vorschub einrücken	0,03	0,03	0,05	0,03	0,05
22	Maschine einrücken	0,03	0,03	0,05	0,03	0,05
23	Planschlitten in Anfangsstellung bringen	—	—	—	0,05	0,08
24	Vorschub ausrücken	0,03	0,03	0,05	0,03	0,05
25	Support zurückstellen	0,04	0,05	0,08	0,05	0,08
26	Schlitten in Endstellung bringen	0,04	0,05	0,08	0,05	0,08
27	Maschine ausrücken	0,05	0,05	0,06	0,05	0,06
28	Schiebelehre 1 mal messen	0,08	0,08	0,08	0,08	0,08
29	Rachenlehre 1 mal messen	0,05	0,06	0,08	0,06	0,08
30	Geschwindigkeit wechseln	0,05	0,08	0,08	0,08	0,08
31	Vorschub wechseln	0,06	0,08	0,08	0,08	0,08
32	Kühlwasser an- oder abstellen	0,02	0,05	0,05	0,05	0,05

GRIFFZEITEN
IN MINUTEN

Gruppe	Nr.	Griff — Modell	L u. N 170	M 200 u. P 200	Q 250	D 170	D 200 u. D 250
Nr. 1 Handl. Stücke Ein- u. ausspannen zwischen Spitze mit Anschlag	1	Werkstück von Reichweite zwischen Spitzen heben	0,10	0,10	0,15	0,10	0,15
	2	Pinole zumachen	0,08	0,10	0,12	0,10	0,12
	3	Anschlag stellen (Spitze)	0,15	0,20	0,20	0,20	0,20
	4	Zentrum ölen	0,10	0,10	0,10	0,10	0,10
	5	Drehherz befestigen	0,15	0,20	0,30	0,20	0,30
	6	Drehherz lösen	0,10	0,10	0,15	0,10	0,15
	7	Anschlagspitze aufmachen	0,20	0,20	0,20	0,20	0,20
	8	Pinole aufmachen	0,05	0,05	0,10	0,05	0,10
	9	Werkstück in Reichweite ablegen	0,08	0,10	0,15	0,10	0,15
(Bei Futterspannung kommt dieselbe Zeit in Anrechnung)		Summe	0,91	1,15	1,47	1,15	1,47
Nr. 2 Mit Kran Ein- u. ausspannen zwischen Spitzen mit Anschlag	10	Hanfseil schlingenartig anlegen	—	—	0,10	—	0,10
	11	Werkstück mit Kran von Reichweite zwischen Spitzen heben	—	—	1,50	—	1,50
	2	Pinole zumachen	0,08	0,10	0,12	0,10	0,12
	12	Schlinge entfernen	—	—	0,05	—	0,05
	13	Kran wegschwenken	—	—	0,10	—	0,10
	3	Anschlag stellen	0,15	0,20	0,20	0,20	0,20
	4	Zentrum ölen	0,10	0,10	0,10	0,10	0,10
	5	Drehherz befestigen	0,15	0,20	0,20	0,20	0,30
	6	Drehherz lösen	0,10	0,10	0,15	0,10	0,15
	7	Anschlagspitze aufmachen	0,10	0,20	0,20	0,20	0,20
	10	Hanfseilschlinge anlegen	—	—	0,10	—	0,10
	14	Kran holen und einhängen	—	—	0,20	—	0,20
	8	Pinole lösen	0,05	0,05	0,10	0,05	0,10
	15	Werkstück mit Kran i. Reichw. ablegen	—	—	1,50	—	1,50
(Bei Futterspannung kommt dieselbe Zeit in Anrechnung)		Summe	0,73	0,75	4,72	0,95	4,72
Nr. 3 Werkstück auf Dorn auf- und abpressen		Dorn ⌀ 30 50 80 100 120 150 Zeit i. Min. 0,4 0,6 0,9 1,5 2 2,5					
Nr. 4 Längsschlitten in Arbeitsstellung bringen (bis ca. 200 mm Weg)	16	Eilgang einrücken	—	—	0,05	0,05	0,05
	17	Längsschlitten in Anfangsstellung	0,06	0,10	0,10	0,10	0,10
	19	Eilgang ausrücken	—	—	0,05	0,05	0,05
	20	Support anstellen	0,04	0,05	0,10	0,05	0,10
	21	Vorschub einrücken	0,03	0,03	0,05	0,03	0,05
		Summe	0,13	0,18	0,35	0,28	0,35
Nr. 5 Planschlitten in Arbeitsstellung bringen	22	Maschine einrücken	0,08	0,03	0,05	0,03	0,05
	16	Eilgang einrücken	—	—*	0,05	0,05	0,05
	23	Planschlitten in Anfangsstellung	—	—	—	0,05	0,08
	19	Eilgang ausrücken	—	0,05*	0,05	0,05	0,05
	21	Vorschub einrücken	0,03	0,03	0,05	0,03	0,05
(Der Planschlitten ist so einzustellen, daß er nach erfolgtem Einstich in Endstellung läuft)		Summe	0,11	0,11	0,20	0,21	0,28
Nr. 6 Längsschlitten in Endstellung bringen	24	Vorschub ausrücken	0,03	0,03	0,05	0,03	0,05
	25	Support zurückstellen	0,04	0,05	0,08	0,05	0,08
	16	Eilgang einrücken	—	—*	0,05	0,05	0,05
	26	Schlitten in Endstellung	0,04	0,05	0,08	0,05	0,08
	19	Eilgang ausrücken	—	—	0,05	0,05	0,05
(Bei stabilen Werkstücken muß der Längsschlitten beim Schruppen so eingestellt werden, daß er nach erfolgter Operation jeweils wieder in Anfangsstellung läuft)		Summe	0,11	0,13	0,31	0,23	0,31
Nr. 7 Maschine stillsetzen	24	Vorschub ausrücken	0,03	0,03	0,05	0,03	0,05
	27	Maschine ausrücken	0,05	0,05	0,06	0,05	0,06
		Summe	0,08	0,08	0,11	0,08	0,11
Nr. 8 Messen	24	Vorschub ausrücken	0,03	0,03	0,05	0,03	0,05
	27	Maschine ausrücken	0,05	0,05	0,06	0,05	0,06
	29	Schrupprachenlehre 1 mal messen	0,05	0,06	0,08	0,06	0,08
	32	Kühlwasser abstellen	0,04	0,05	0,05	0,05	0,05
		Summe	0,17	0,19	0,24	0,19	0,24
Nr. 9 Maschine anlassen	22	Maschine einrücken	0,08	0,03	0,05	0,03	0,05
	21	Vorschub einrücken	0,03	0,03	0,05	0,03	0,05
	32	Kühlwasser anstellen	0,02	0,05	0,10	0,05	0,10
		Summe	0,13	0,11	0,20	0,11	0,20

DREHZAHLEN UND VORSCHÜBE DER PRODUKTIONSBÄNKE

PRODUKTIONSBANK L 170

8 Drehzahlen: 90 – 125 – 180 – 250 – 355 – 500 – 710 – 1000
oder 125 – 180 – 250 – 355 – 500 – 710 – 1000 – 1400

8 Vorschübe: 0,02 – 0,04 – 0,07 – 0,1 – 0,125 – 0,25 – 0,43 – 0,62 mm

PRODUKTIONSBANK N 170

8 Drehzahlen: 90 – 125 – 180 – 250 – 355 – 500 – 710 – 1000
oder 180 – 250 – 355 – 500 – 710 – 1000 – 1400

8 Vorschübe: 0,05 – 0,07 – 0,1 – 0,15 – 0,25 – 0,35 – 0,5 – 0,8 mm

PRODUKTIONSBÄNKE M 200 u. P 200

8 Drehzahlen: 63 – 90 – 125 – 180 – 250 – 355 – 500 – 710
oder 90 – 125 – 180 – 250 – 355 – 500 – 710 – 1000

8 Vorschübe: 0,075 – 0,10 – 0,15 – 0,22 – 0,30 – 0,45 – 0,60 – 0,90 mm

PRODUKTIONSBANK Q 250

16 Drehzahlen mit polumschaltbaren Motor:
25 – 42 – 50 – 52 – 67 – 84 – 95 – 105 – 134 – 165 – 190 – 200
250 – 330 – 400 – 510

12 Vorschübe: 0,05 – 0,065 – 0,1 – 0,15 – 0,2 – 0,3 – 0,4 – 0,5 – 0,8 – 1,2 – 1,5 – 2,4 mm

Vielstahlbank D 200 x 1100 — zum Drehen von Kupfer- und Messingblöcken in Rohrpressereien mit selbsttätiger Zu- und Abführung der Blöcke

DREHZAHLEN UND VORSCHÜBE DER VIELSTAHLBÄNKE

D 170
Umdrehungen in der Minute: 63 — 90 — 125 — 180 — 250 — 355 — 500 — 710
oder 125 — 180 — 250 — 355 — 500 — 710 — 1000 — 1400

D 200   R Spindelstock
Umdrehungen in der Minute: 22 — 32 — 45 — 63 — 90 — 125 — 180 — 250

D 200   Rh Spindelstock
Umdrehungen in der Minute: 45 — 63 — 90 — 125 — 180 — 250 — 355 — 500

D 250 u. D 280   R Spindelstock
Umdrehungen in der Minute: 16 — 22 — 32 — 45 — 63 — 90 — 125 — 180

D 250 u. D 280   Rh Spindelstock
Umdrehungen in der Minute: 31 — 45 — 63 — 90 — 125 — 180 — 250 — 355

VORSCHUBTAFEL D 170

2516 D 170 PLAN LÄNGS	VORSCHUB IN m/m AUF 1 SPINDELDREHUNG						WECHSEL-RÄDER		LÄNGSSCHLITTEN				
	PLANSCHLITTEN												
A / C / B / D	17	20	30	40	50	60	A	C	20	30	40	50	60
	83	80	70	60	50	40	B	D	80	70	60	50	40
VORSCHUBKASTEN KLEIN GROSS	0,037	0,045	0,082	0,12	0,19	0,28	VORSCHUBSTELLUNG	1	0,08	0,14	0,22	0,33	0,5
	0,05	0,06	0,11	0,165	0,25	0,38		2	0,11	0,19	0,3	0,45	0,67
	0,075	0,09	0,165	0,25	0,38	0,56		3	0,17	0,29	0,45	0,67	1,0
	0,11	0,135	0,25	0,38	0,56	0,84		4	0,25	0,45	0,67	1,0	1,5
WECHSELRÄDER 17 20 30 40 40 50 50 60 60 70 80 83	0,16	0,19	0,34	0,50	0,75	1,1		5	0,33	0,57	0,9	1,34	2,0
	0,23	0,28	0,50	0,75	1,1	1,7		6	0,5	0,86	1,34	2,0	3,0
EILGANGSGESCHW. IN m/m SEK. BEI 450 UML.	7	9	15	24	35	53			16	28	43	64	96

D.59

VORSCHUBTAFEL D 200 – D 280

2572 D 200+D250 PLAN LÄNGS	VORSCHUB IN m/m AUF 1 SPINDELDREHUNG.						WECHSEL RÄDER		LÄNGSSCHLITTEN				
	PLANSCHLITTEN												
A / C / B / D	17	20	30	40	50	60	A	C	20	30	40	50	60
	83	80	70	60	50	40	B	D	80	70	60	50	40
VORSCHUBKASTEN KLEIN GROSS	0,037	0,045	0,082	0,12	0,19	0,28	VORSCHUBSTELLUNG	1	0,08	0,14	0,22	0,33	0,5
	0,05	0,06	0,11	0,165	0,25	0,38		2	0,11	0,19	0,3	0,46	0,67
	0,075	0,09	0,165	0,25	0,38	0,56		3	0,17	0,29	0,45	0.67	1,0
	0,11	0,135	0,25	0,38	0,56	0,84		4	0,25	0,45	0,67	1,0	1,5
WECHSELRÄDER 17 20 30 40 40 50 50 60 60 70 80 83	0,16	0,19	0,34	0,50	0,75	1,1		5	0,33	0,57	0,9	1,34	2,0
	0,23	0,28	0,50	0,75	1,1	1,7		6	0,5	0,86	1,34	2,0	3,0
EILGANGSGESCHW. IN m/m/SEK. BEI 450 UML.	7,5	9	16	25	37	55			12,5	21,5	33	50	75

D 60

Einstech-Vielstahlbank D 280 x 2100

zum gleichzeitigen Einstechen (Schlichten) aller Wangen an Kurbelwellen

DAS MASSTABDREHEN

Bisher hat man bei den Drehbänken zur Begrenzung der Arbeitswege zeitraubend einzustellende Anschläge benutzt. Seit mehreren Jahren haben wir mit großem Vorteil an unseren im Betrieb befindlichen Produktionsbänken Meßtrommeln mit aufgesetzten Anschlägen angebracht, die den Vorschub unterbrechen. Um eine Drehlänge von z. B. 215 mm zu erzielen, stellt man den Stahl an den Anfang des Werkstückes, dreht die Meßtrommel auf den 0-Strich und klemmt dann den Anschlag auf dem Teilstrich 215 fest, der Vorschub wird alsdann nach dem Zurücklegen dieses Weges unterbrochen. Die Meßtrommel hat 6 Anschläge, sodaß man 6 verschiedene Absätze drehen kann.

Bei Werkstücken mit ungleicher Zugabe, z. B. bei Gußstücken kann man schnell alle Anschläge gemeinsam verstellen, um bei der ersten und zweiten Operation gleiche Spanhöhen zu bekommen.

Zur Kontrolle der Dreh-Durchmesser ist auf der Planzugspindel eine Mikrometerscheibe für die grobe und eine für die feine Ablesung vorhanden, auf der 4 Zeiger sitzen, zur Einstellung des Drehstahles wird eine Meßuhr am Reitstock benutzt.

Der selbsttätige Planzug wird in der bisherigen Weise durch die 6 Anschläge einer Walze in beiden Richtungen ausgelöst.

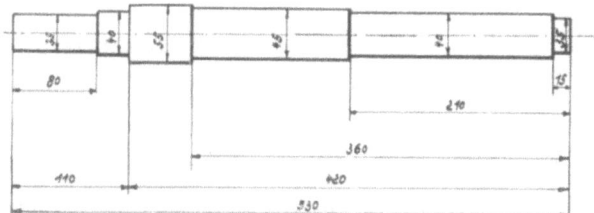

Für das Maßstabdrehen empfiehlt es sich, die Längenmaße nach nebenstehender Skizze einzutragen.

Meßtrommel mit Anschlägen
zur Begrenzung der Längsvorschübe

Doppelte Mikrometerscheibe und Einstellgerät
am Reitstock für die Durchmesser

ARBEITS-UNTERWEISUNG

1. Spitzenarbeiten

Große Leistung wird durch die Unterteilung der Wege durch viele Stähle erzielt nach den Beispielen Seite 56 usw.

Sind **kurze Zapfen** am Werkstückende zu drehen, so ist die Kopiervorrichtung Kpl erforderlich nach Plan Ankerwelle Seite 31, damit der rechte Endstahl nicht in die Reitstockspitze läuft. Kurze Stücke sägt man in doppelter Länge ab, um sie bequemer spannen zu können.

Spitzen. Anschlagspitze Sah und Sap. Da die Körnerlöcher selten gleich tief gebohrt sind, so benötigt man zur Erzielung gleicher Längen die Anschlagspitze nach dem nebenstehenden Bild, die entweder durch einen Hebel oder einen Preßluftzylinder betätigt werden. **Reitstockspitze:** Bei hohen Drehzahlen und bei vorgebohrten Stücken ist die Rollenlagerspitze nötig; Widiaspitzen sind bei genauen Arbeiten ebenfalls zu empfehlen.

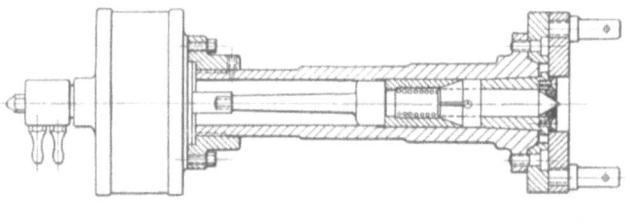

Spitze mit Anschlag **Sah**   Spitze mit Anschlag **Sap**

Mitnehmer. Unsere Produktions- und Vielstahlbänke werden mit einem ausgleichenden Mitnehmer geliefert, für den Drehherze mit Doppelarm oder Spannschellen erforderlich sind. Die selbsttätigen Mitnehmer MV und MWA Seite 18 verkürzen die Spannzeiten wesentlich. Ist Preßluft vorhanden, empfehlen sich der Stirnmitnehmer MS Seite 18 oder der Krauskopfmitnehmer Seite 58.

Für **hohle Stücke** nimmt man die Spanndorne Seite 64 und 66.

Lange Wellen wie Hinterachswellen, werden im Mitnehmerfutter AF Seite 18 gespannt und gestützt, Nockenwellen u. dergl. in der Preßluftzange nach den Bildern D 170/15 Seite 59 gehalten. Manche Werkstücke können zum Teil in die Drehspindel gesteckt und im Handspannfutter gespannt werden, um die frei tragende Länge zu verkürzen. Reichen diese Mittel nicht aus, so sind am Werkstück 1 bis 2 Lünettensitze vorher anzudrehen wie bei Hinterachswellen Seite 54 und den Gewehrläufen Seite 58. Endlich ist der **Mittelantrieb** S. 66 eine gute Lösung, solche Wellen gleichzeitig an beiden Enden zu drehen und in der Mitte zu stützen.

Viele Gesenkstücke kann man mit einem Außen- oder Innenvierkant pressen, das unmittelbar von einem Flansch oder Dorn mitgenommen wird, so daß die Stücke ohne jeden Zeitverlust ein- und ausgespannt werden können.

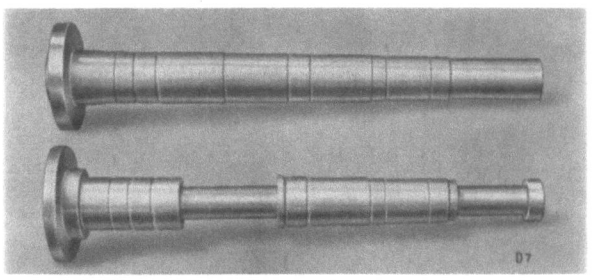

Drehspindel und Einstellstück

Für das erstmalige Einstellen der Stähle ist **ein Musterstück** nötig; bei schweren Arbeitsstücken z. B. Drehspindeln ist dies zu umständlich, man nimmt daher eine glatte Welle, die sich auch für andere Werkstücke benutzen läßt, und setzt Büchsen auf, die die Umrisse der Spindel haben.

Gute Körnerlöcher sind das erste Erfordernis für eine genaue Arbeit; wir empfehlen daher die Werkstücke auf einer doppelten Zentriermaschine an beiden Enden gleichzeitig zu zentrieren nach Bild 207 links S. 72. An den gehärteten Dornen schleift man den Körner auf einer senkrechten Körnerloch-Schleifmaschine vor dem Rundschleifen.

2. Dornarbeiten

Für die gegossenen und gepreßten Werkstücke sind mindestens 3 Operationen nötig:
- a) **Bohrung und eine Seite bearbeiten** auf unseren Revolverbänken B 32 bis G 80 oder auf Halbautomaten.
- b) **Die andere Seite schruppen** auf den genannten Maschinen oder auf der Vielstahlbank, wobei die Stücke im Universalklemmfutter (Forkardtfutter) eingespannt werden.
- c) **Fertigdrehen am Dorn** auf der Vielstahlbank.

Diese Arbeitsweise wird jetzt allgemein angewandt, da das Fertigdrehen in den weichen Backen auf der Revolverbank nicht genau genug ist. Die Leistung wird beträchtlich erhöht, wenn man mehrere Stücke auf dem Dorn gleichzeitig dreht (siehe Bild Seite 67). Beim Angriff der vielen Stähle genügt die Reibung zwischen dem gewöhnlichen Drehdorn und Werkstück zur Kraftübertragung nicht mehr; man verwendet daher Dorne mit Keil oder läßt die Mitnehmerbolzen an den Armen, oder in den Löchern, oder an den angegossenen Nocken des Werkstückes eingreifen. Fliegende Expansionsdorne oder Keilbackendorne erlauben ein sehr schnelles Auf- und Abspannen der Werkstücke; sie sind aber nur bei leichten Spänen verwendbar. Der konische Dorn nach Zeichnung D 12 mit auswechselbaren geschlitzten Büchsen aus Ge ist ein sehr billiges und genaues Mittel zum Fertigdrehen. Für viele Werkstücke sind die Dorne mit einer Schulter in der Mitte nach Bild Seite 67 sehr nützlich. Regel ist, mindestens zwei Drehdorne zu benutzen, um während des Arbeitens einen mit einem neuen Werkstück zu versehen. Zweckmäßig ist es eine Vielstahlbank zum Schruppen und eine zum Schlichten zu benutzen, um das Auf- und Abpressen vom Dorn zu ersparen. Handdornpressen sind für Werkstücke bis 30 mm Bohrung zweckmäßig, für größere Bohrungen empfiehlt sich eine Kraftdornpresse mit etwa 5–15 Tonnen Druckkraft, mit der die Werkstücke schnell und mühelos auf- u. abgespannt werden können. Automobilkolben und dergl. erfordern besondere Aufspannvorrichtungen (Siehe Bild Seite 47). Für vorgebohrte Stücke ist der Krauskopf in Verbindung mit der Rollenlagerspitze eine einfache und sichere, schnell zu bedienende Einspannvorrichtung (Seite 58).

Preßluftbetätigte Dorne sind für Zylinder und Büchsen aller Art nach den Bildern Seite 64 u. 66 unentbehrlich.

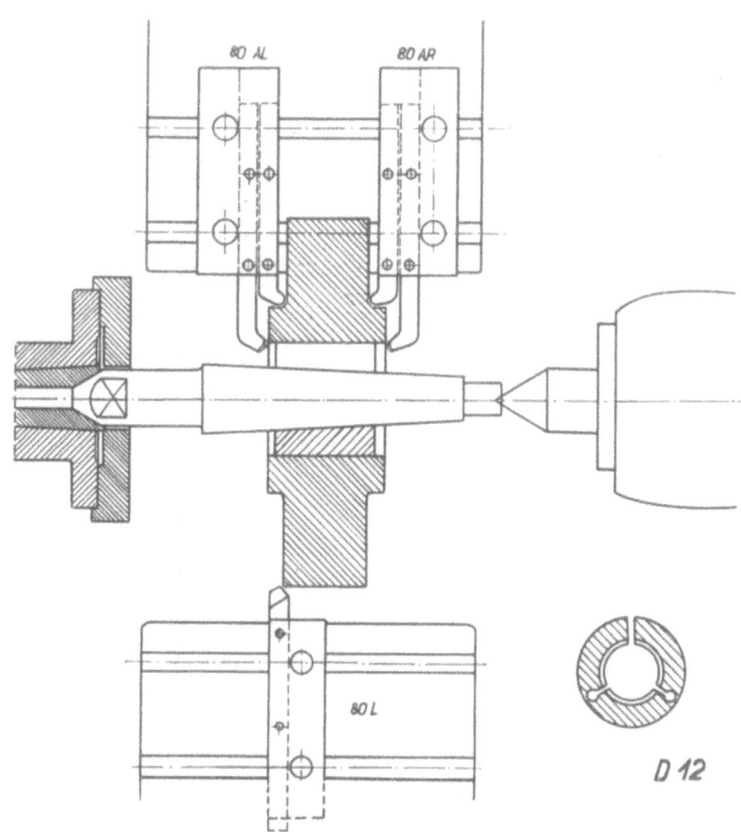

Büchse innen fertig- und außen vordrehen auf der **Revolverbank**

Büchse fertig drehen am Dorn auf der **Vielstahlbank**

3. Futterarbeiten

Hierfür ist bei den Produktionsbänken der Support mit einem **Drehtisch Qd** oder einem **Revolverkopf Qr** zu versehen.

Drehtisch Qd für Futterarbeiten   **Revolverkopf Qr für Futterarbeiten**

In dieser Ausführung lassen sich einfache Futterarbeiten sehr rationell und auch von ungelernten Leuten ausführen. Bei den Vielstahlbänken arbeitet man mit festen Stahlhaltern nach den Bildern Seite 70.

Der neue **Halbautomat D 250 A** mit dem Bohrreitstock Seite 2 u. 12 ist eine sehr leistungsfähige Maschine (30/22 PS/KW), um Räder, Büchsen, Kupplungen usw. rationell vorzuarbeiten. Siehe auch die Bilder Seite 70.

Wie bei den Revolverbänken sind für Futterarbeiten die Seite 18 abgebildeten **Spannzeuge** nötig:

Spannfutter und Spannzangen, Schraubstockfutter für **Hand-, Preßluft-** oder **Elektrospannung.**

In eine gut geleitete Dreherei gehören auch zweckmäßige Transport-Einrichtungen, um die gedrehten Werkstücke vor Beschädigung schützen.

Für kleine Werkstücke empfehlen sich die Transportkisten nach dem Bild 94 und 175 Seite 72, die auch im aufgestapelten Zustande einen Blick ins Innere gestatten. An einer Seite ist eine Blechtasche angebracht zum Aufbewahren der Zeichnungen und Arbeitsunterweisungen.

Mittlere Werkstücke legt man in die Kisten, die im Vordergrunde des Bildes 106 S. 2 und Bild 178 S. 72 zu sehen sind; größere, auf Plattformen, im Hintergrund desselben Bildes dargestellt. Zum Weiter-Transport fährt man mit einem Hubwagen unter die Kisten und Plattformen.

Für Drehspindeln und ähnliche Werkstücke empfehlen sich Gestelle nach dem nebenstehenden Bild, unter die man ebenfalls mit dem Hubwagen fährt.

SPITZENARBEITEN FÜR DIE PRODUKTIONSBÄNKE

 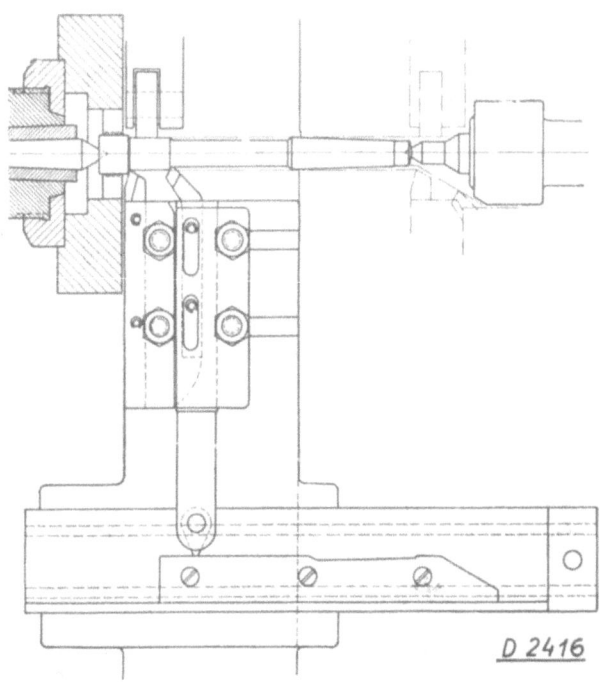

Reibahle mit Morsekonus

Einspannen in ausgleichendem Mitnehmer MV oder während des Ganges im selbsttätigen Mitnehmer MWA. Der erste Stahl dreht den größten Durchmesser, auf den sich die Rollen der mitlaufenden Lünette stützen; der zweite, im Kopierstahlhalter Nr. 83 sitzende Stahl dreht nach der Schablone die verschiedenen zylindrischen und konischen Absätze.

Schnittzeit für eine Reibahle aus SS, 35 mm ∅, 310 mm ganze Länge = 2,5 Min. bei Hartmetall-Werkzeugen.

 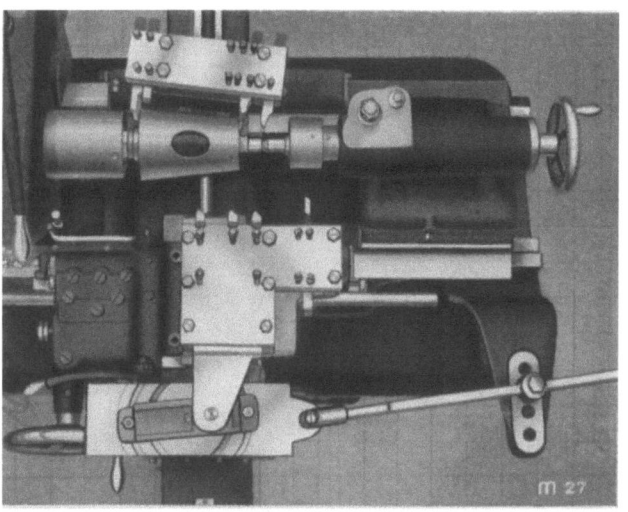

Stehbolzen

hohl drehen mit der speziellen hinteren Kopiervorrichtung. Spannen in der Preßluftzange, stützen mit der Rollenlagerspitze des preßluftbetätigten Reitstockes

Hahnreiber
100 mm ∅, 200 mm Länge

Schnittzeit für 2 Spannungen: 3,8 Minuten

SPITZENARBEITEN FÜR DIE PRODUKTIONSBÄNKE

Die zu drehende Welle wird während des Ganges ein- und ausgespannt

Kopierdrehen einer Ankerwelle

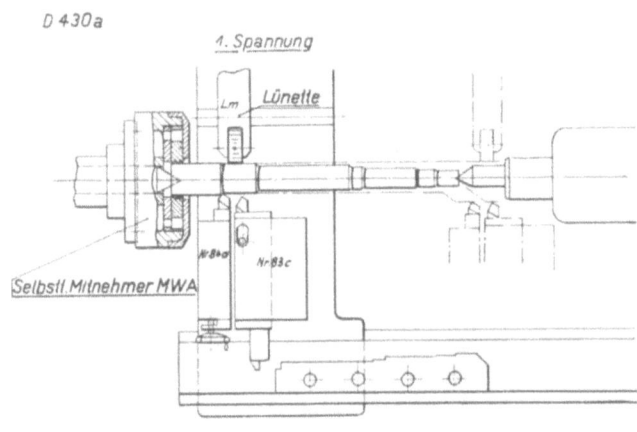

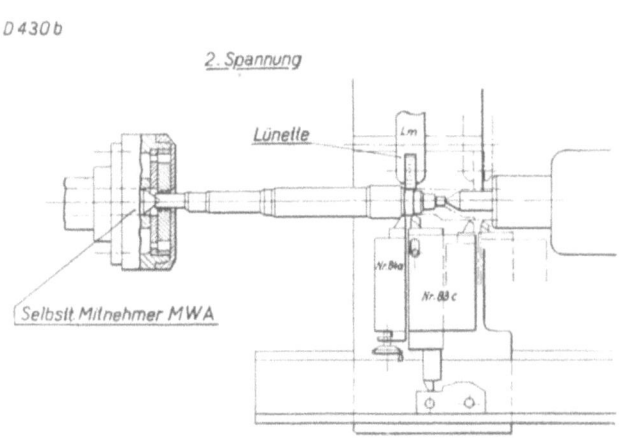

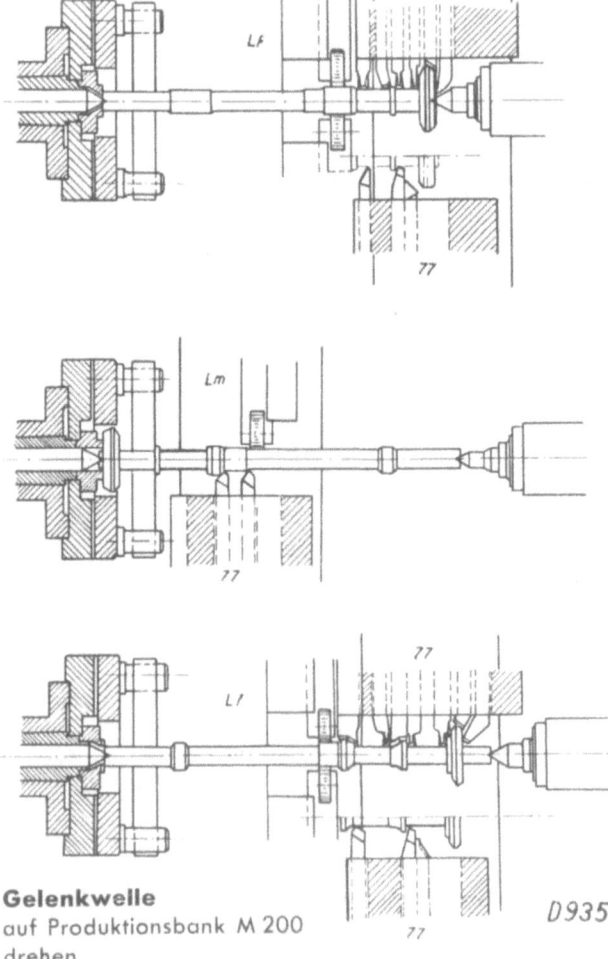

Gelenkwelle auf Produktionsbank M 200 drehen

ZEITBERECHNUNG EINER VORGEPRESSTEN KUPPELWELLE

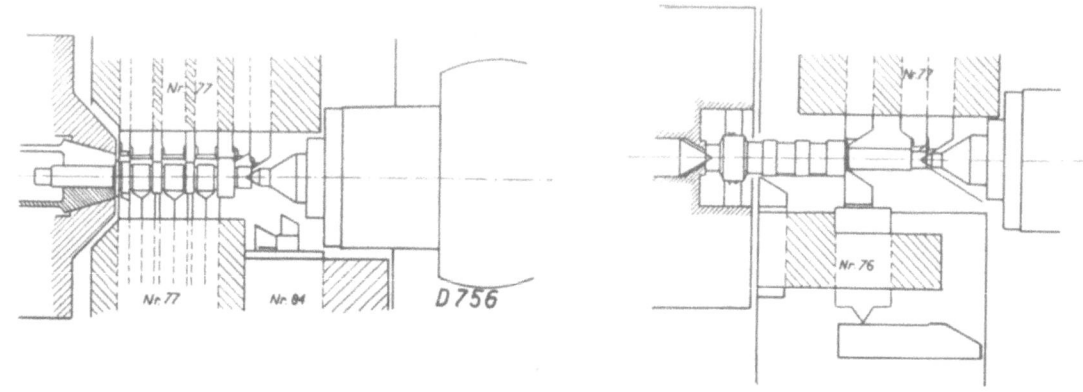

113 451 Stück Nr.	Kuppel-Welle Bezeichnung			80 kg Material		L 170 Maschine		Inv. Nr.	
Operations-Nr.		Vorrichtungs-Nr.				1 Aufspannung		1 Stück	
Op.-Folge	Arbeitsstufe	Q.-Querschl. R.-Revolverschl.	Ø mm	Weg	Vorschub mm Udr.	mm Min.	Schnittgeschw. m. Min.	Umdreh. i. d. Min.	Hand-Z. i. Min.	Masch.-Z. i. Min.
---	---	---	---	---	---	---	---	---	---	---
	I. Spannung									
1	Einspannen zwischen den Spitzen								0,10	
2	längs schruppen des Schaftes und der Kupplungszähne		23	60	0,10		50	710	0,20	0,80
3	Stirnseiten plan schlichten		23	5	0,07		50	710	0,20	0,10
4	Ausspannen								0,10	
									0,6	0,90
	II. Spannung									
1	Einspannen in der Zange auf Schaft-Ø 12 mm								0,10	
2	längs schruppen Ø 12 u. 22,5 mm		26	15	0,10		60	710	0,20	0,25
3	Plan einstechen von hinten		23	5	0,07		50	710	0,20	0,10
4	Plan einstechen der Schleifeinstiche von vorn		23	5	0,07		50	710	0,20	0,10
5	Ausspannen								0,10	
									0,80	0,45
	Die Bearbeitung erfolgt mit Hartmetall									
	Materialzugabe 3 mm auf den Ø									

Ausgefertigt:	20. 3. 1938	Einrichtezeit:	Std.	1,40	1,35
Geprüft:	22. 3. 1938	Zuschlag auf Hand-Zeit	20 %	0,30	—
Arbeitsplan:	D 756	Zuschlag auf Masch.-Zeit	10 %	—	0,15
Firma:	**Auto-Union Zschopau**	Gesamt-Zeit für 1 Stück		1,70 +	1,50
		1 Stück = 3,20 Min. =		0,19 Std.	

DREHEN VON SPIRALBOHRERN

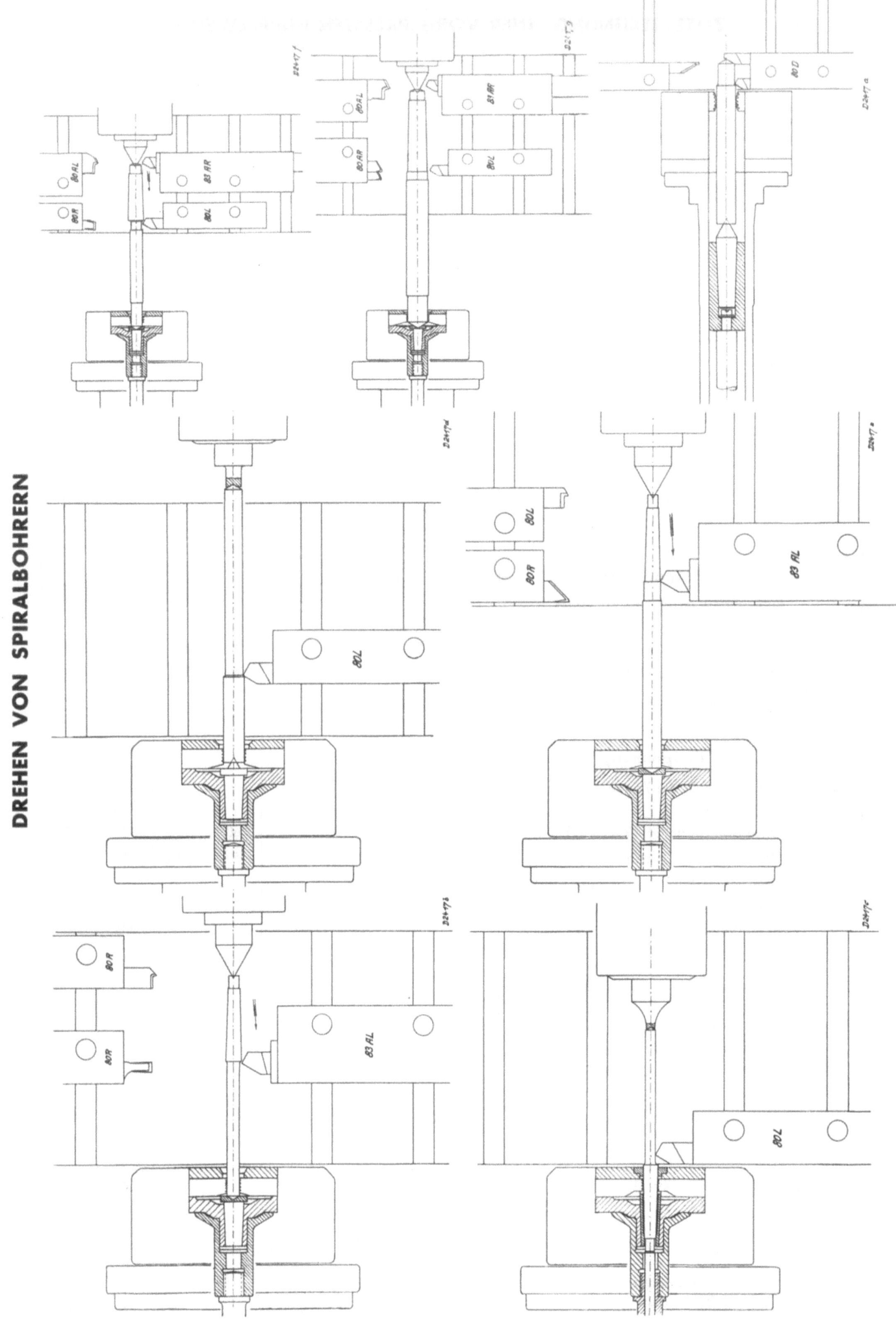

KOLBENBEARBEITUNG auf den Produktionsbänken

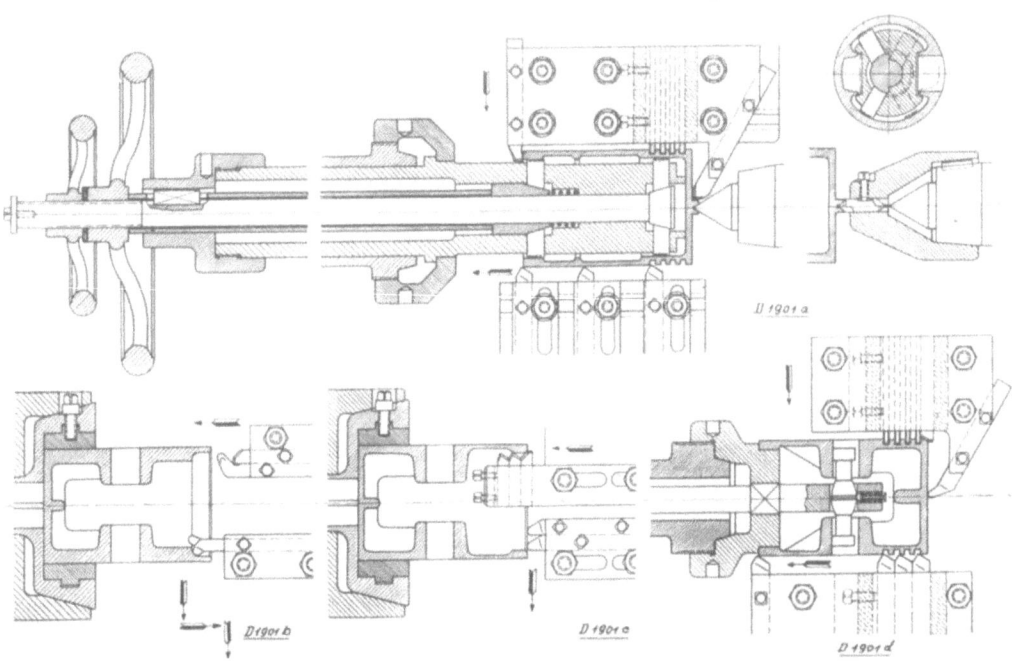

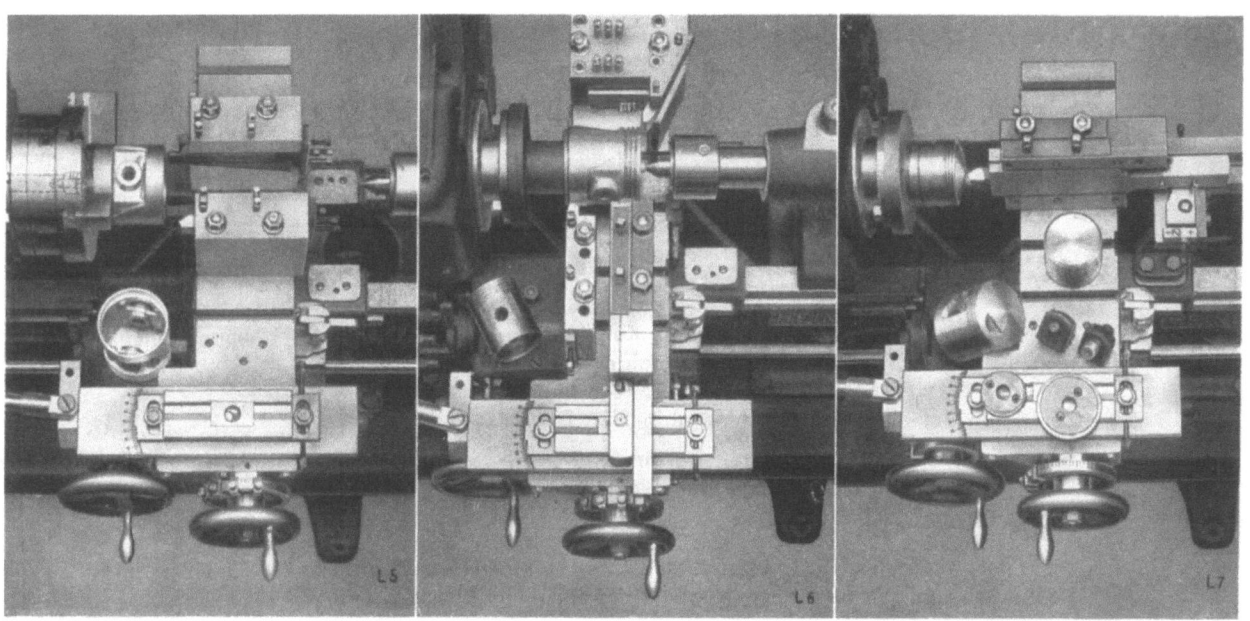

Boden zentrieren und Einpass drehen **Außen schruppen und schlichten** **Zentrierputzen abstechen und Boden ballig drehen**

Grauguß-Kolben nach den Plänen D 1901

1. Um gleichmäßige Wandstärken zu erzielen, werden die rohen Kolben nach Plan D 1901 a mit dem Kern-⌀ auf den Druckbackendorn mit Preßluft- oder Handradanzug gespannt. Die Pinole des Reitstockes zentriert mit dem abnehmbaren Bohrkopf den Boden und stützt ihn beim Drehen. Der vordere Querschieber trägt die Längsdrehstähle, der hintere die Plandrehstähle und die Nutenstähle. Es wird zunächst mit dem großen Vorschub längs gedreht, der Support in die Anfangsstellung zurückgebracht, dann der Boden plan gedreht; kommen die Nutenstähle zum Angriff, wird der Vorschub auf 0,05 mm herabgesetzt.

2. **Ausdrehen des Zentrier-Einpasses.** Einspannen hierzu im Universalklemmfutter oder im Hebelspannfutter Sr nach Plan D 1901 b oder c, je nachdem der Einpaß frei liegt oder nicht.

3. **Außen schlichten** nach Plan D 1901 d und Bild L 6. Aufnehmen hierzu auf fliegendem Dorn, Anzug mit Querstift und Zugstange durch Handrad, Hebelspannfutter Sr oder Preßluft betätigt, schlichten längs mit dem Stahlhalter Nr. 80, falls das Bodenende konisch sein muß mit dem Werkzeug Nr. 82, bei abgesetzten Durchmessern mit den in einem Pakethalter befestigten Stählen. Schlichten des Bodens mit großem, und der Nuten mit feinem Vorschub. Längere Kolben werden mit dem Reitstock gestützt.

4. Nach dem Rundschleifen den Zentrierputzen abstechen nach Bild L 7.

Leistung mit Widiamessern:	1. bis 3. Spannung Kolben 105 mm ⌀, 145 mm lang	Schnittzeit: **5 Minuten**	Gesamtzeit: **8,5 Minuten**

DREHEN VON GRAUGUSS- UND LEICHTMETALL-KOLBEN
auf den Produktionsbänken

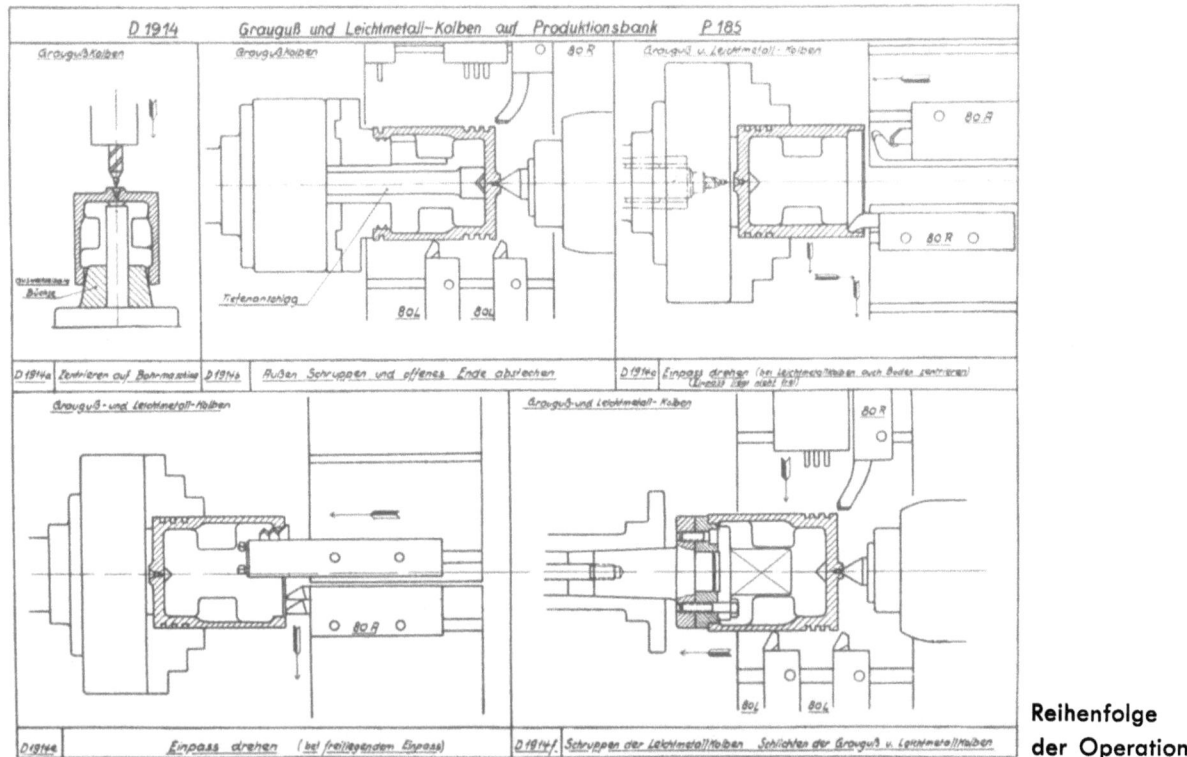

Reihenfolge der Operationen

A) Graugußkolben

Sie werden zweckmäßig mit einem kleinen Kegel am inneren Boden gegossen, um gleichmäßige Wandstärken zu erzielen. Der Arbeitsgang ist folgender:

1. Zentrieren auf einer Bohrmaschine nach Plan D 1914 a.
2. Spannen im Universalklemmfutter, Durchmesser und Nuten schruppen, abstechen des offenen Endes. Der Tiefenanschlag sorgt für gleichmäßige Bodendicke.
3. Einpaß drehen nach Plan D 1914 c oder e.
4. Schlichten nach Plan D 1914 f und Bild L 6. Aufnahme am Zentrierring; Mitnehmer greift an den Kolbenbolzenaugen an, Stützung mit Widia-Spitze im Reitstock.
5. Putzen abstechen nach Beendigung aller Operationen.

B) Leichtmetallkolben

1. Einpaß drehen und Boden zentrieren nach Plan D 1914 c und Bild L 5.
2. Schruppen nach Plan D 1914 f und Bild L 6.
3. Schlichten nach Plan D 1914 c oder e und Bild L 6.
4. Putzen abstechen nach Beendigung aller Operationen.

Leistungen mit Widia-Messern:

Graugußkolben 85 mm ⌀, 105 mm lang	2.–4. Spannung	Schnittzeit: **4 Minuten**	Gesamtzeit: **7 Minuten**
Leichtmetallkolben 85 mm ⌀, 105 mm lang	1.–3. Spannung	Schnittzeit: **1,5 Minuten**	Gesamtzeit: **4,5 Minuten**

KOLBENBEARBEITUNG AUF PRODUKTIONSBÄNKEN

14 807 Stück Nr.	Kolben 100 mm ⌀ / 150 mm Länge Bezeichnung				Ge Material	M 200x600 Maschine		Inv. Nr.

Operations-Nr.	Vorrichtungs-Nr.	1 Aufspannung	1 Stück

Op.-Folge	Arbeitsstufe	Q-Querschl. R-Revolverschl.	⌀ mm	Weg	Vorschub mm Udr.	Vorschub mm Min.	Schnittgeschw. m. Min.	Umdreh. i. d. Min.	Hand-Z. i. Min.	Masch.-Z. i. Min.
	I. Spannung: nach Plan D 1914 c oder e									
1	Im Klemmfutter am Außendurchmesser spannen								0,10	
2	Stirnseite schruppen und schlichten .		109	12	0,2		65	180	0,10	0,35
3	Einpaß-⌀ schruppen, schlichten und anschrägen		86	15	0,2		48	180	0,10	0,45
3	Boden zentrieren		von Hand				10	710	0,10	0,10
4	Boden auspannen.								0,10	
	II. Spannung: Schruppen nach Plan D 1914 f									
1	Aufspannen auf dem Zentrierstück .								0,10	
2	Außen-⌀ schruppen		100	75	0,40		80	250	0,10	0,70
3	Boden plan schruppen		100	40	0,40		80	250	0,10	0,40
	und Nuten vorstechen		100	5	0,065		80	250	0,10	0,35
4	Ausspannen								0,10	
	III. Spannung: Schlichten nach Plan D 1914 f									
1	Aufspannen auf dem Zentrierstück .								0,10	
2	Außen-⌀ schlichten		100	75	0,26		80	250	0,10	1,10
3	Boden plan schlichten		100	45	0,26		80	250	0,10	0,70
	und Nuten einstechen		100	5	0,065		80	250	0,10	0,35
4	Ausspannen								0,10	
	Die Bearbeitung erfolgt mit Widia									

Ausgefertigt:	3. 2. 1938	Einrichtezeit:	Std.	1,50	—
Geprüft:	5. 2. 1938	Zuschlag auf Hand-Zeit	20 %	0,30	—
Arbeitsplan:	D 1914	Zuschlag auf Masch.-Zeit	10 %	—	—
Firma:	**Burmeister u. Wain Kopenhagen**	Gesamt-Zeit für	1 Stück	1,80 + 4,15	
		1 Stück =	5,95 Min. =	0,10 Std.	

KOLBENBEARBEITUNG AUF DEN VIELSTAHLBÄNKEN

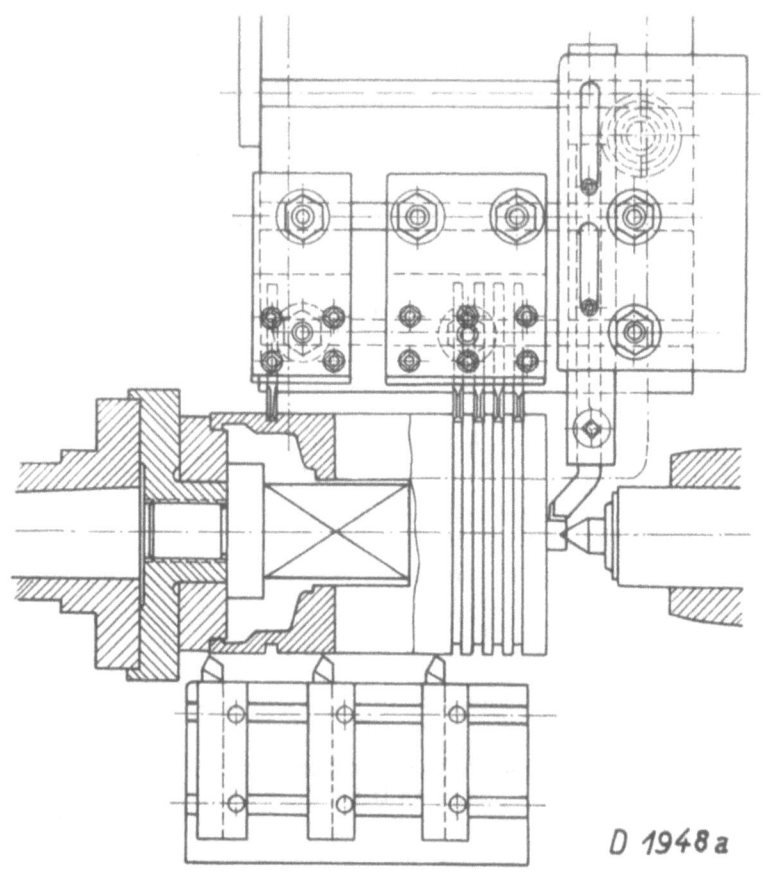

D 1948 a

Leichtmetallkolben, 165 mm ⌀, 235 mm Länge
längs schruppen, Boden und Nuten mit
Differential-Stahlhalter Nr. 86 drehen.
Schnittzeit: 2 Minuten

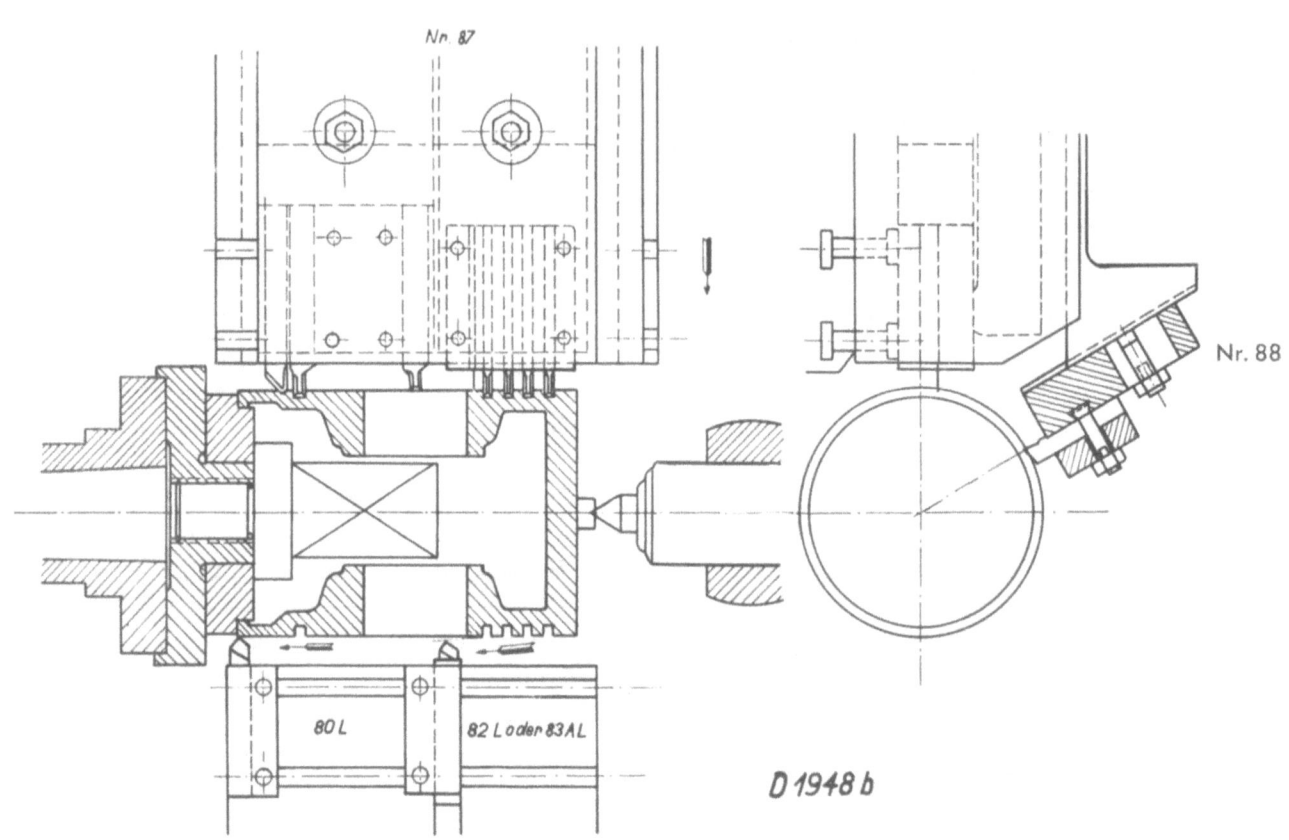

D 1948 b

Schlichten und Kanten brechen mit dem überhängenden Stahlhalter Nr. 88

BEARBEITUNG VON KOLBEN MIT HOHLEN UND BALLIGEN BÖDEN

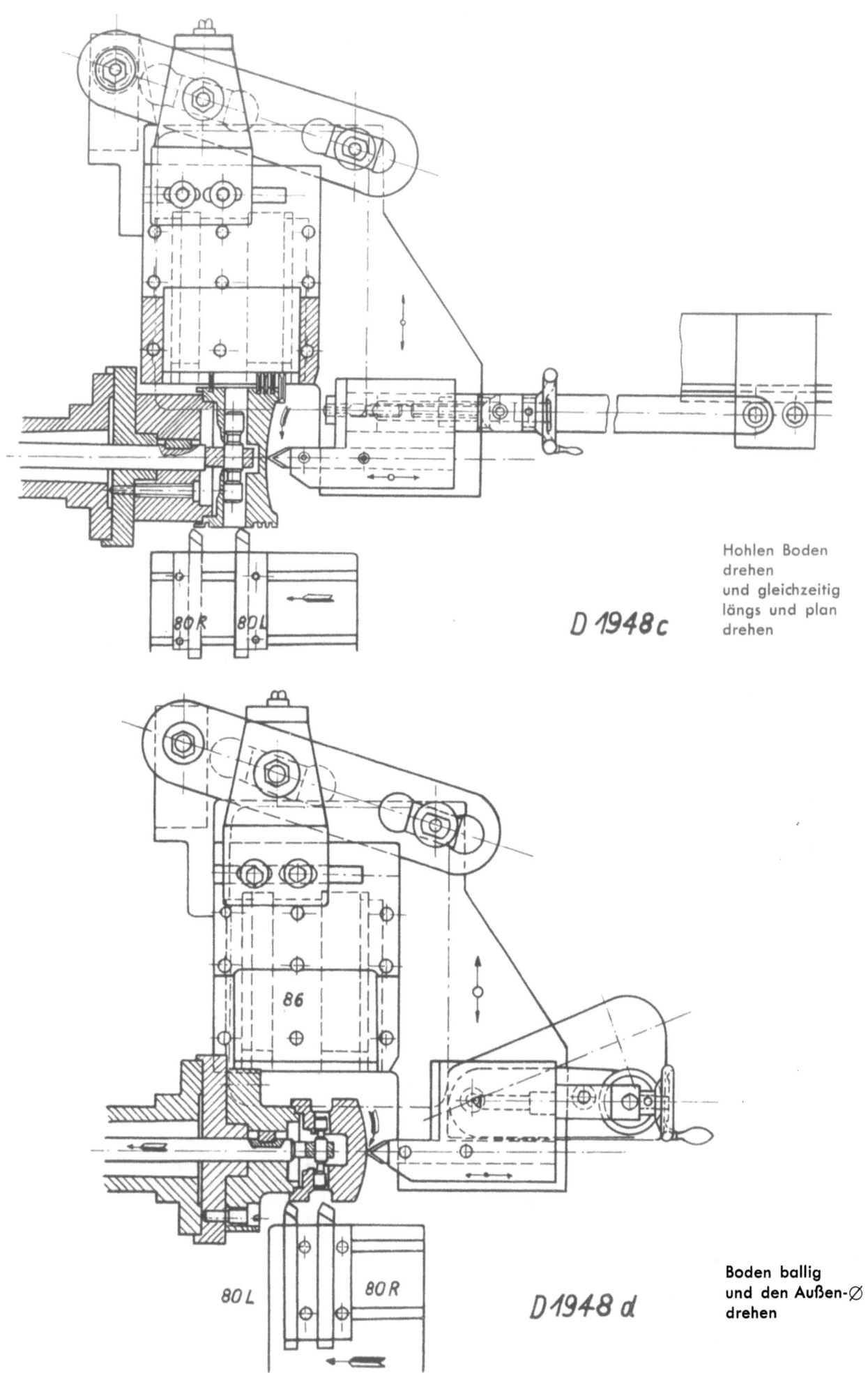

Hohlen Boden drehen und gleichzeitig längs und plan drehen

D 1948 c

Boden ballig und den Außen-⌀ drehen

D 1948 d

FUTTERARBEITEN FÜR DIE PRODUKTIONSBÄNKE

Gerpeßte Böden 8,8 cm
in 2 Spannungen im Preßluftfutter
mit dem Drehtisch Qd drehen
Gesamtzeit: 3,55 Minuten

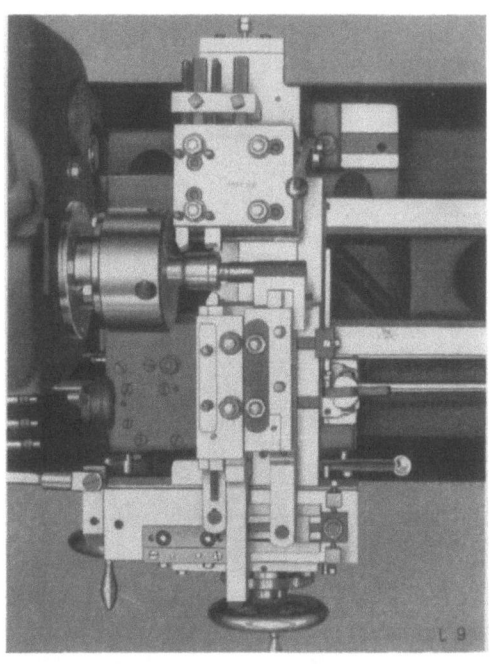

Kapsel innen mit der Konischdrehvorrichtung
und außen mit der Kopiervorrichtung drehen;
mit dem feststehendem Plansupport
die Rundungen nachdrehen

Preßluftzange mit Rollenlünette
für große Hülsen

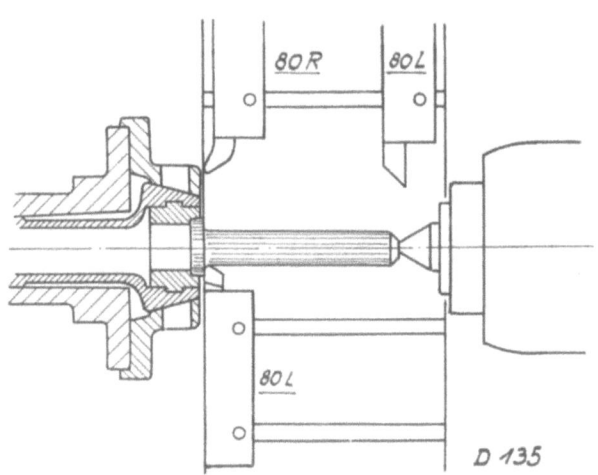

Gepreßter Bolzen
26 mm Schaft-Ø, 80 mm Länge
Einspannen im Spannfutter Sr
stützen mit Rollenspitze,
Schaft drehen, Schulter plan drehen
und Kanten brechen

Schnittzeit: 0,8 Minuten

FUTTERARBEITEN FÜR DIE PRODUKTIONSBÄNKE

Stück Nr.	Bezeichnung: Boden 8,8		Material: 70 kg	Maschine: M 200×600	Inv. Nr.
Operations-Nr.	Vorrichtungs-Nr.			1 Aufspannung	1 Stück

Op.-Folge	Arbeitsstufe	Q-Querschl. R-Revolverschl.	Ø mm	Weg	Vorschub mm Udr.	mm Min.	Schnittgeschw. m. Min.	Umdreh. i. d. Min.	Hand-Z. i. Min.	Masch.-Z. i. Min.
	I. Spannung: Flanschseite schruppen									
1	Im Preßluftfutter spannen								0,05	
2	Außen-Ø 71,5 längs schruppen . .		71	10	0,20		80	355	0,05	0,15
3	Stirnseite plan schruppen		71	35	0,20		80	355	0,05	0,50
4	Abspannen								0,05	
	II. Spannung: Gewindeseite schruppen									
1	Im Preßluftfutter spannen								0,05	
2	Gewinde-Ø längs schruppen . . .		62	20	0,20		70	355	0,05	0,30
3	Kranzstirnseite plan schruppen . .		71	30	0,20		80	355	0,05	0,40
4	Abspannen								0,05	
	III. Spannung: Flanschseite schlichten									
1	Im Preßluftfutter spannen								0,05	
2	Außen-Ø 71,5 mm längs schlichten .		71	10	0,20		120	500	0,05	0,10
3	Stirnseite plan schlichten		71	35	0,20		120	500	0,05	0,35
4	Abspannen								0,05	
	IV. Spannung: Gewindeseite schlichten									
1	Im Preßluftfutter spannen								0,05	
2	Gewinde-Ø längs schlichten		62	20	0,20		100	500	0,05	0,20
3	Kranzstirnseite plan schlichten . . .		71	30	0,20		115	500	0,05	0,30
4	Nute einstechen		62	von Hand			100	500	0,05	
5	Abspannen								0,05	
	Die Bearbeitung erfolgt mit Hartmetall									

Ausgefertigt:	6. 4. 1936	Einrichtezeit:	Std.	0,85	2,30
Geprüft:	10. 4. 1936	Zuschlag auf Hand-Zeit	20 %	0,17	—
Arbeitsplan:	M 20 u. M 21	Zuschlag auf Masch.-Zeit	10 %	—	0,23
Firma:	**Joh. Schäfer Stettin**	Gesamt-Zeit für	1 Stück	1,02 +	2,53
		1 Stück =	3,55 Min. =	0,06 Std.	

SPITZENARBEITEN FÜR DIE VIELSTAHLBÄNKE

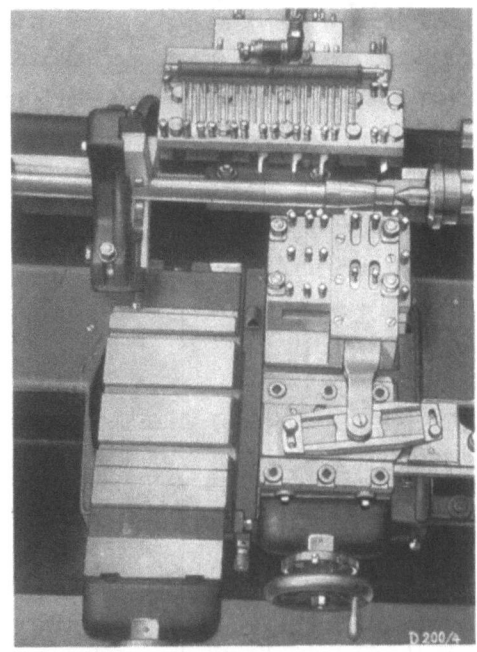

Drehen von Hinterachswellen
gleichzeitig cylindrisch und konisch

Schnittzeit: 3 Minuten
fürs Schruppen und Schlichten

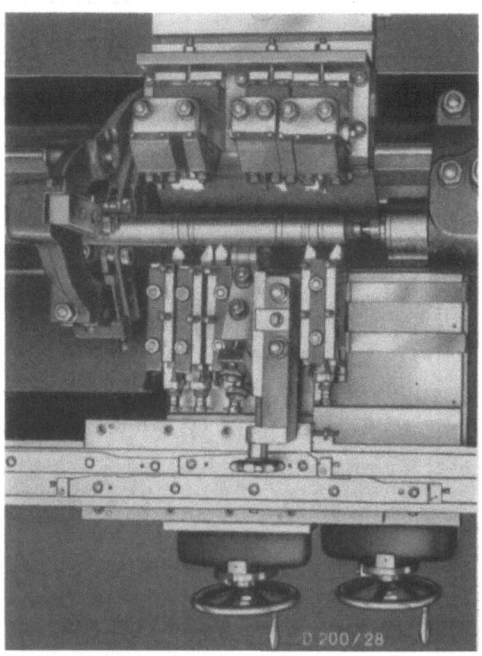

Profilierte Achsen

Längsdrehen mit der 2 fachen Kopiervorrichtung
plandrehen mit Kreismessern

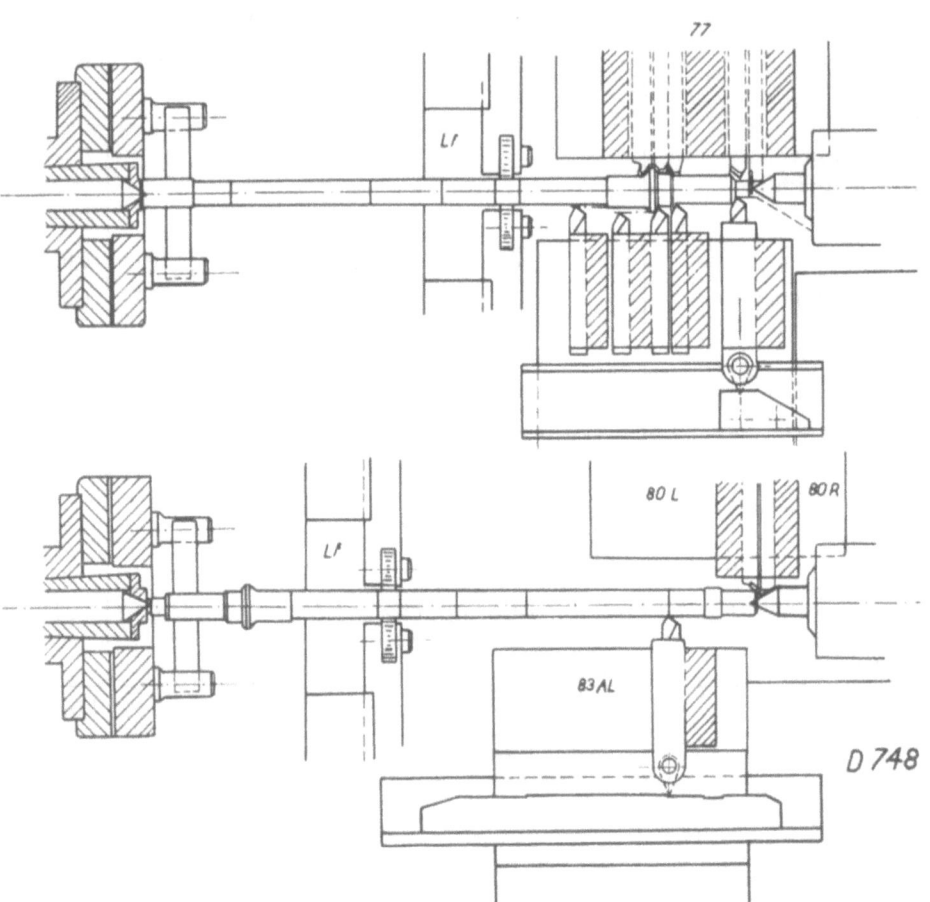

Differentialwelle

in 4 Spannungen
schruppen und schlichten
in 5,19 Minuten

SPITZENARBEITEN FÜR DIE VIELSTAHLBÄNKE

20. 11. 3 Stück Nr.	Differentialwelle Bezeichnung		90 kg Material	D 170 x 900 Maschine		Inv. Nr.	
Operations-Nr.		Vorrichtungs-Nr.			1 Aufspannung	**1** Stück	

Op.-Folge	Arbeitsstufe	Q.-Querschl. R.-Revolverschl.	Ø mm	Weg	Vorschub mm Udr.	Vorschub mm Min.	Schnittgeschw. m. Min.	Umdreh. i. d. Min.	Hand-Z. i. Min.	Masch.-Z. i. Min.
	I. Spannung									
1	Einspannen								0,20	
2	Bundseite längs schruppen		45	58	0,17		50	355	0,20	1,00
	gleichzeitig plan einstechen		45	8	0,082		50	355	0,20	(0,25)
3	Ausspannen								0,20	
	II. Spannung									
1	Einspannen								0,20	
2	Schaftseite längs schruppen		28	38	0,17		61	710	0,20	0,35
	gleichzeitig plan einstechen		24	8	0,082		55	710	0,20	(0,15)
3	Ausspannen								0,20	
	III. Spannung									
1	Einspannen								0,20	
2	Bundseite längs schlichten		45	58	0,17		70	500	0,20	0,70
	gleichzeitig plan einstechen		45	8	0,082		70	500		(0,20)
3	Ausspannen								0,20	
	IV. Spannung									
1	Einspannen								0,20	
2	Schaftseite längs schlichten		28	38	0,17		61	710	0,20	0,35
	gleichzeitig plan einstechen		24	8	0,082		55	710	0,20	(0,15)
3	Ausspannen								0,20	
	Die Bearbeitung erfolgt mit Widia									

Ausgefertigt:	10. 8. 1937	Einrichtezeit:		Std.	3	2,40
Geprüft:	13. 8. 1937	Zuschlag auf Hand-Zeit	20 %		0,60	—
Arbeitsplan:	D 748	Zuschlag auf Masch.-Zeit	10 %		—	0,25
Firma:	**Auto-Union Siegmar**	Gesamt-Zeit für	1 Stück		3,60 +	2,65
		1 Stück =	6,25 Min. =		0,092 Std.	

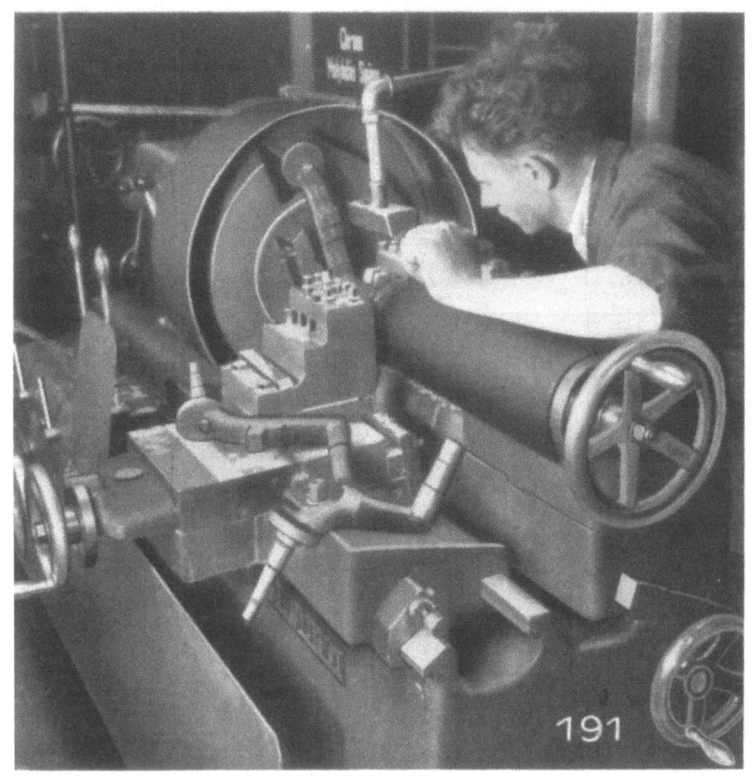

TRAG - ARM

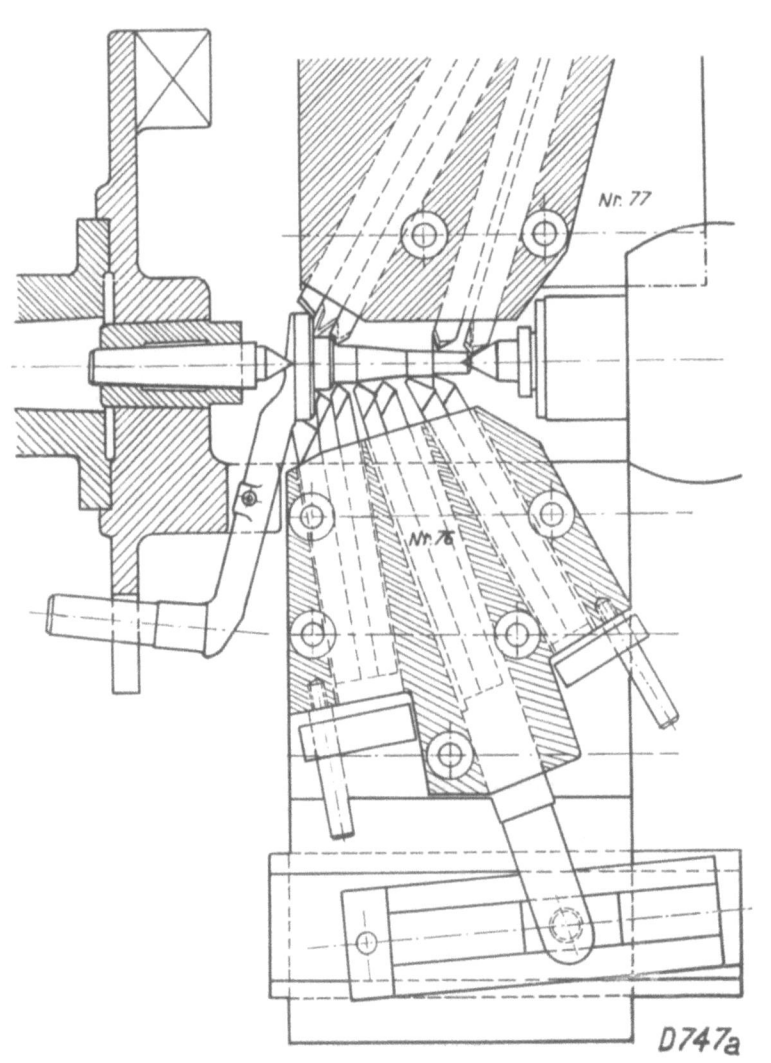

I. Spannung:

Schruppen des cylindrischen und konischen Zapfens nach nebenstehendem Bild und Plan D 747 a.

Das Längs- und Plandrehen erfolgt gleichzeitig.

II. Spannung:

Schlichten in gleicher Weise.

III. Spannung:

Drehen der beiden cylindrischen Zapfen am andern Ende längs und plan gleichzeitig.

Gesamtzeit: 4,40 Minuten.

EV - 19055 Stück Nr.	Tragarm Bezeichnung		80 kg Material	D 170/220 Maschine		Inv. Nr.	
Operations-Nr.	Vorrichtungs-Nr.			1 Aufspannung 1 Stück			

Op.-Folge	Arbeitsstufe	Q.Querschl. R-Revolverschl.	⌀ mm	Weg	Vorschub mm Udr.	Vorschub mm Min.	Schnittgeschw. m. Min.	Umdreh. i. d. Min.	Hand-Z. i. Min.	Masch.-Z. i. Min.
	I. Spannung: **Schruppen** des konischen Schaftes									
1	Einspannen zwischen den Spitzen .								0,15	
2	Längs schruppen		70	30	0,14		55	250		0,80
	Plan schruppen		70	20	0,12		55	250	0,20	(0,60)
3	Ausspannen								0,10	
	II. Spannung: Schlichten									
1	Einspannen zwischen den Spitzen .								0,15	
2	Längs schlichten		70	30	0,14		80	355		0,60
	Plan schlichten		70	20	0,12		80	355	0,20	(0,45)
3	Ausspannen								0,10	
	III. Spannung: **Drehen** des zylindrischen Schaftes									
1	Einspannen zwischen den Spitzen .								0,15	
2	Längs drehen		35	67	0,14		80	710	0,20	0,70
3	Plan drehen		32	15	0,12		80	710	0,20	(0,20)
4	Ausspannen								0,10	

Ausgefertigt:	1. 2. 1937	Einrichtezeit:	Std.	1,75	2,10
Geprüft:	5. 2. 1937	Zuschlag auf Hand-Zeit	20 %	0,35	—
Arbeitsplan:	D 747 a u. b	Zuschlag auf Masch.-Zeit	10 %	—	0,20
Firma:	**Opel Rüsselsheim**	Gesamt-Zeit für	1 Stück	2,10 + 2,30	
		1 Stück =	4,40 Min. =	0,075 Std.	

SPITZENARBEITEN FÜR DIE VIELSTAHLBÄNKE

Messingknüppel drehen
Mitnahme durch einen Krauskopf

105 mm Durchmesser, 230 mm Länge

Schnittzeit: 0,4 Minuten
Gesamtzeit: 0,6 Minuten

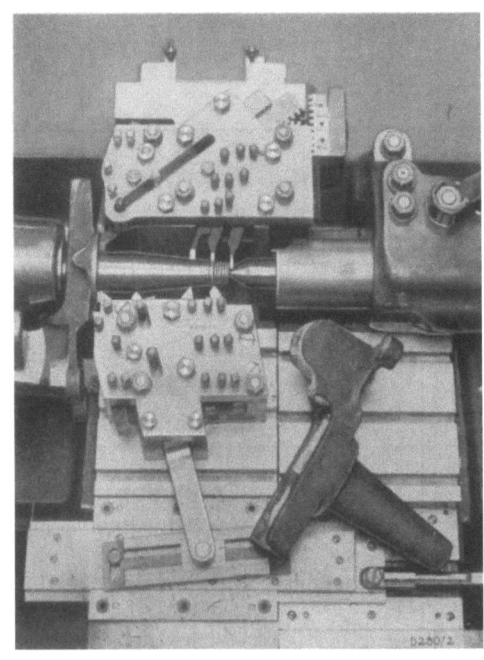

Lastwagen-Achsschenkel
Flansch Durchmesser 130 mm, ganze Länge 230 mm

Schruppen und Schlichten von Schaft und Flansch: 11 Minuten

Große Drehbankspindel, 100/210 mm Ø, 1100 mm lang, Schruppen zum Einsetzen in 2 Spannungen   Schnittzeit: 14,4 Minuten

Gewehrläufe

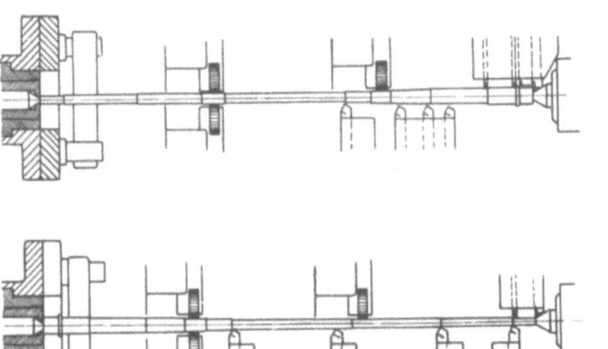

D 1209

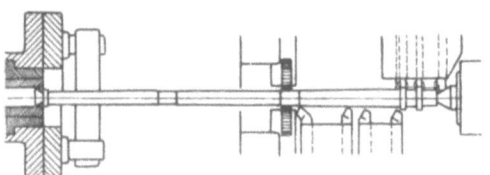

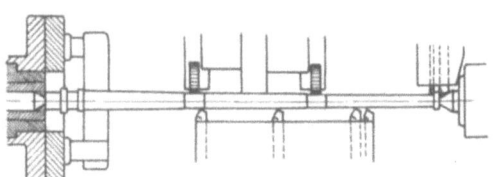

D 1208

a) Zylindrische Gewehrläufe nach Plan D 1209

1. An den gebohrten Läufen werden auf einer Spitzenbank 2 Lünettensitze angedreht. Einspannen auf der Vielstahlbank zwischen den Spitzen, Stützen mit 2 Lünetten Lfo, Mitnahme durch Spannschelle. Längsschlitten dreht die 4 Durchmesser des Kopfteils, der Planschlitten sticht ein und dreht auch die Stirnseite.

2. Umspannen, Stützen mit einer festen und einer offenen Lünette, Drehen der 4 Durchmesser des Schaftteils, Einstechen und begrenzen der Längen mit Planschlitten

3. und 4. Schlichten wie bei 1. und 2.
   Schnittzeit für 4 Spannungen: 10,2 Minuten

b) Konische Maschinengewehrläufe nach Plan D 1208

Sie werden in gleicher Weise bearbeitet wie oben, die Stahlhalter auf dem Längsschlitten sind jedoch zum Konischdrehen eingerichtet.
Schnittzeit für 4 Spannungen: 10,2 Minuten.

DREHEN VON NOCKENWELLEN AUF DEN VIELSTAHLBÄNKEN

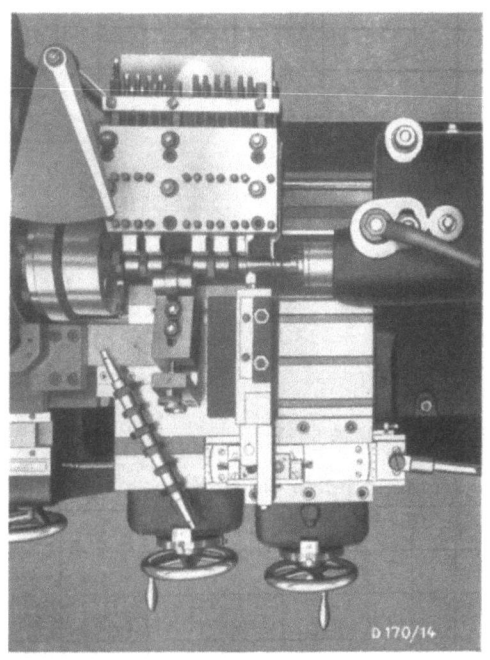

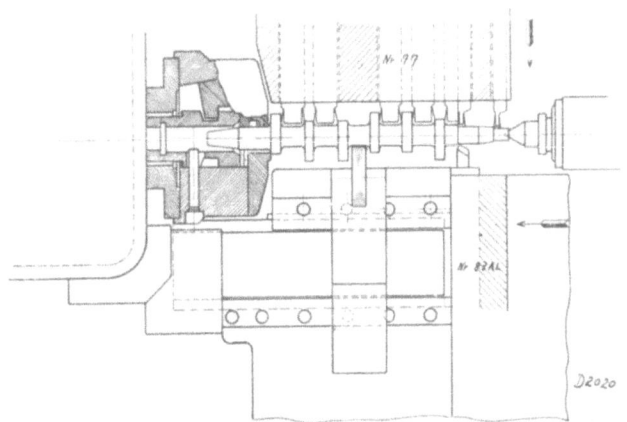

Die Lünette bleibt während des Längsdrehens stehen

Nockenwelle
46 mm ⌀, 370 mm ganze Länge

für Einspritzpumpen (die Nockenform ist vorgepreßt)
in 2 Spannungen in 7,9 Minuten Gesamtzeit gedreht

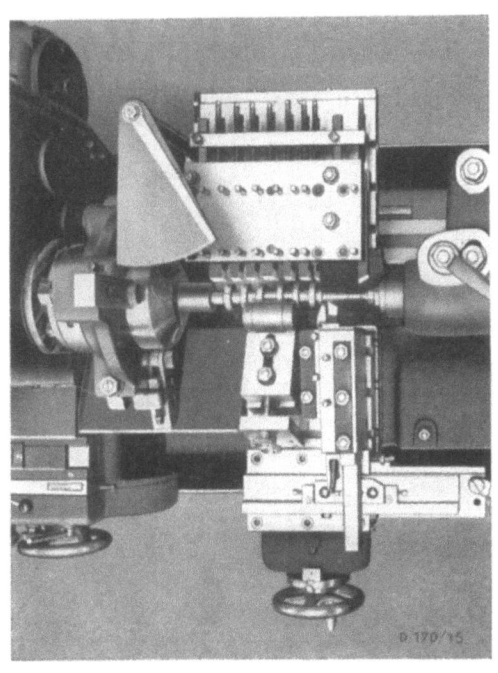

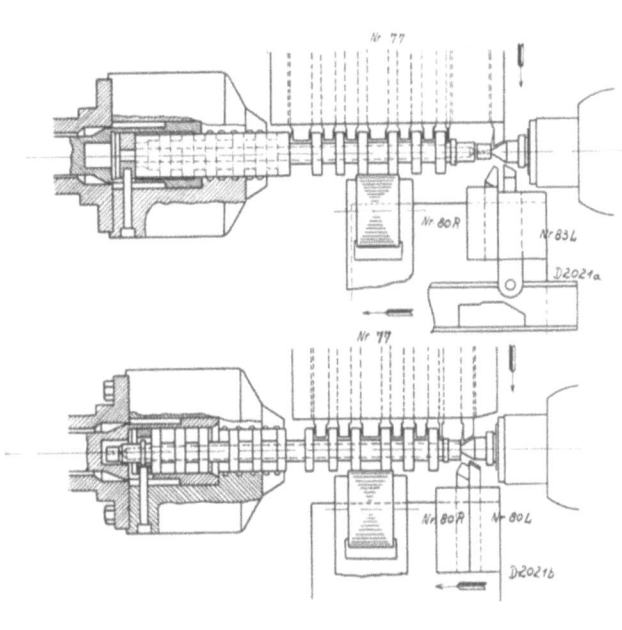

Hohle Nockenwelle, 50 mm ⌀, 450 mm Länge

für Einspritzpumpen, aus dem Vollen gedreht in
4 Spannungen   Gesamtzeit: 15,6 Minuten

DREHEN VON NOCKENWELLEN AUF DEN VIELSTAHLBÄNKEN

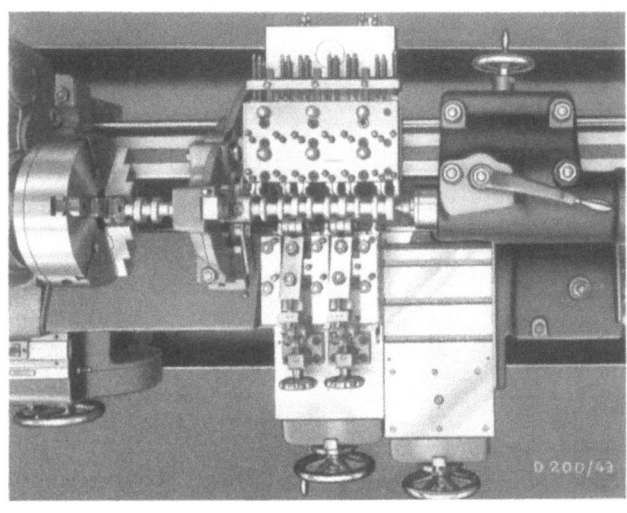

An der vorgepreßten Nockenwelle drehen die hinteren Stähle die Nocken seitlich, wobei die zwei vorderen Lünetten die Welle stützen, nachher werden die 3 Hälse mit den 3 Längs-Drehstählen auf den Durchmesser gedreht

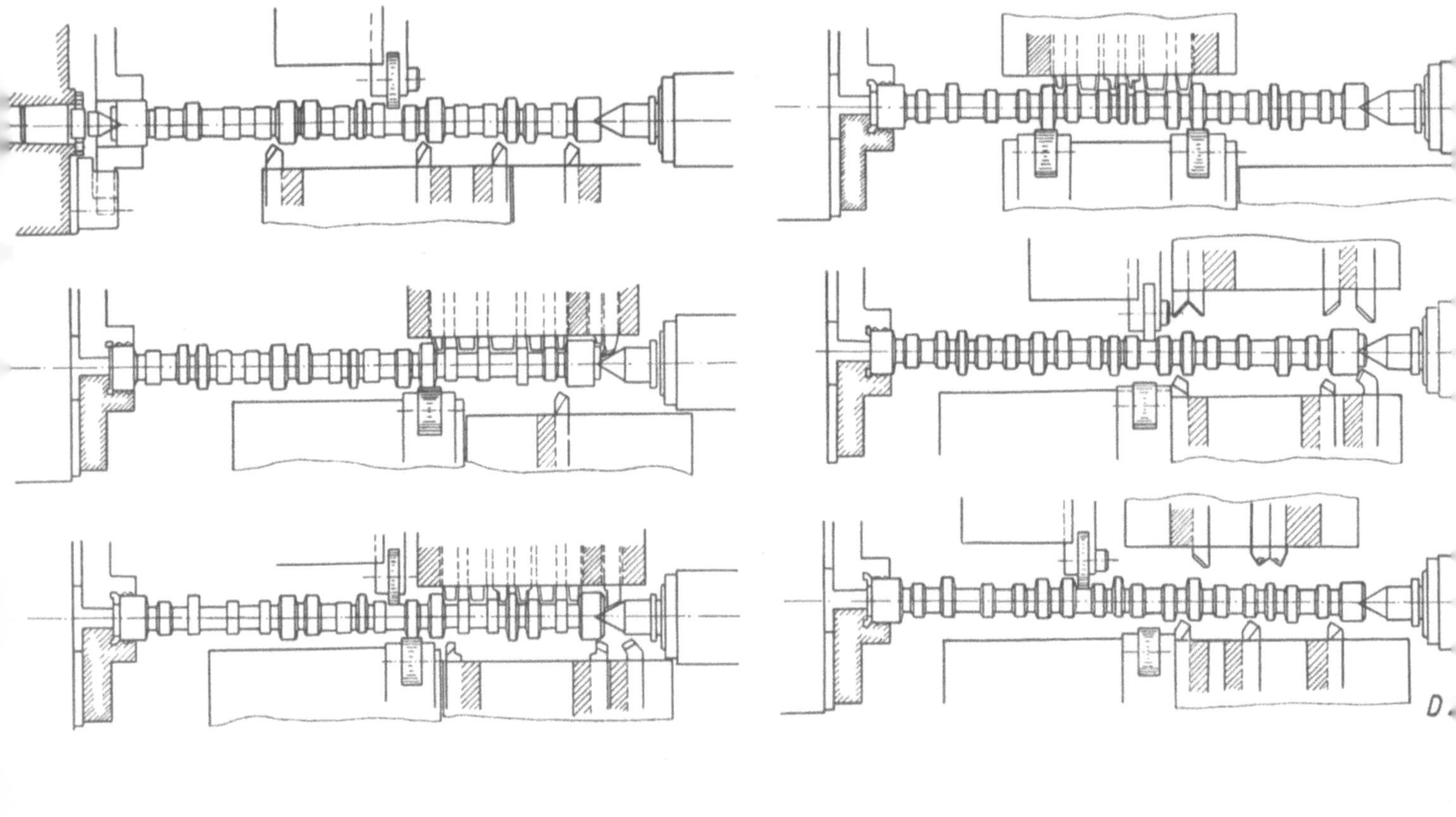

KURBELWELLEN-BEARBEITUNG

Halbautomatische Vielstahlbank D 280 x 2100
mit hydraulischem Planzug Pah 2 am vorderen Schlitten zum Drehen von Kurbelwellen

Allgemeiner Arbeitsvorgang: Die Kurbelwellen sind beiderseits zentriert, werden zwischen den Spitzen gespannt, mit dem ausgleichenden Mitnehmer und den Spannschellen mitgenommen. Am mittleren Lager stützt man sie mit den Lünetten Lfg auf dem vorher angedrehten Lünettensitz. Der Längsschlitten besitzt 2 Querschieber; auf dem rechten werden die Stähle für den Endzapfen eingespannt, auf dem linken sitzen die Einstechstahlhalter Nr. 91. Auf dem breiten Planschlitten sitzen auf der rechten Seite die Einstechstähle für den Endzapfen, auf der linken Seite die Einstechstahlhalter Nr. 92.

Zuerst läßt man den Planschlitten arbeiten und dreht gleichzeitig mit dem hydraulischen Planzug mit dem linken vorderen Querschieber die inneren Wangenstirnseiten. Nach Beendigung dieses Arbeitsganges wird der linke Querschieber vollständig zurückgezogen mit Hilfe des hydraulischen Eilganges der Längsschlitten nach rechts bewegt, worauf man mit dem rechten Querschieber den Endzapfen längs dreht. Die andere Hälfte der Kurbelwelle wird ebenso bearbeitet. Das Schlichten erfolgt in gleicher Weise, nachdem die Hubzapfen geschruppt sind.

Einstechbank D 280 x 2100

Einspannen der Kurbelwellen zwischen den Spitzen, Stützen mit 2 bis 3 Lünetten Lfo. Auf den beiden Querschiebern des Längsschlittens sitzen die Stahlhalter Nr. 93 oder 94, die sämtliche Wangenstirnseiten gemeinsam drehen mit Hilfe des hydraulischen Planzuges Pah 2. Zurückziehen der beiden Querschieber durch den Eilgang, Ausspannen der Stahlhalter und Befestigen der Stahlhalter für die Ausrundstähle, mit denen im zweiten Arbeitsgang alle inneren Rundungen (Uebergang des Zapfendurchmessers der Seitenfläche) geschlichtet werden.

KURBELWELLEN-BEARBEITUNG

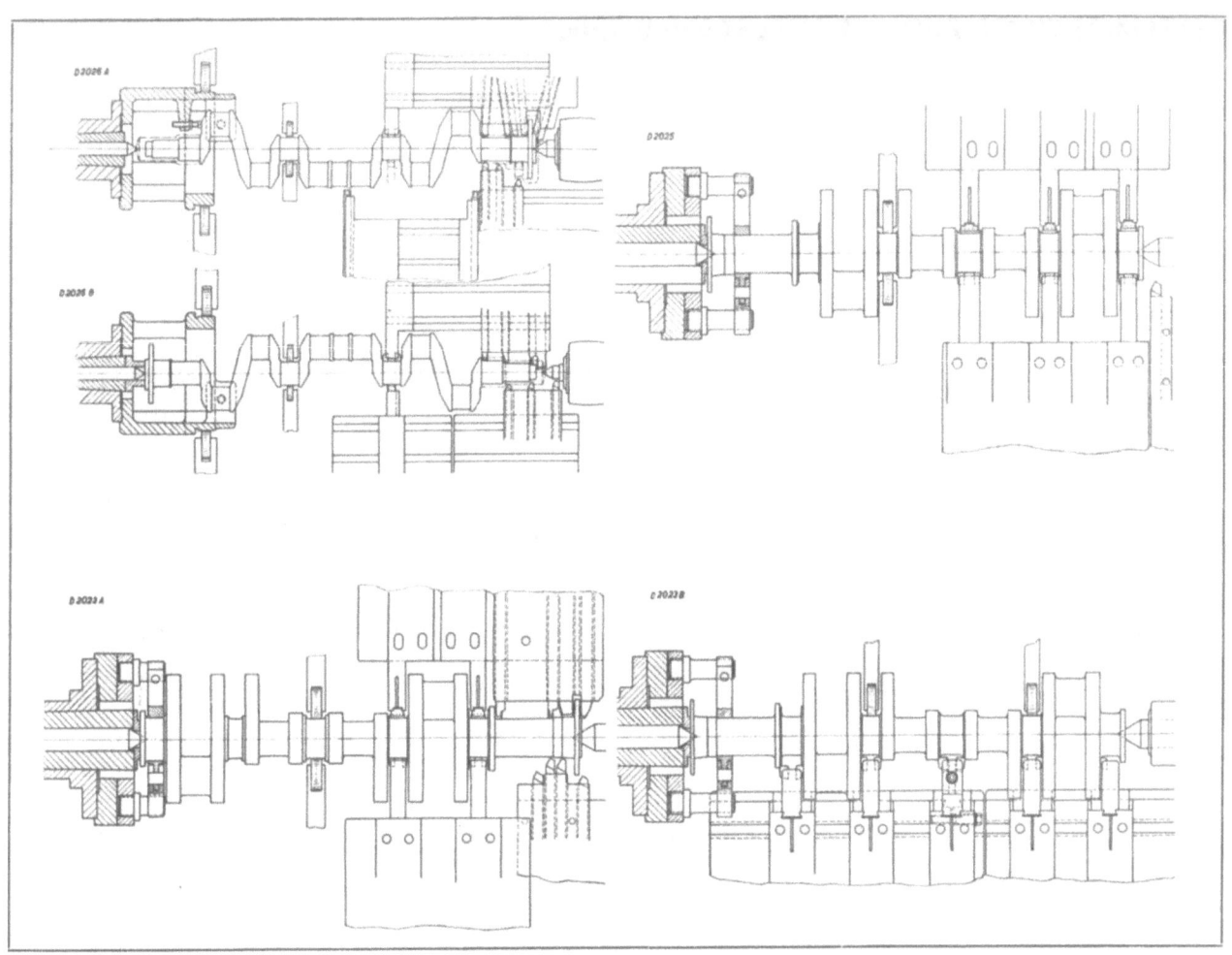

6 Zylinder-Kurbelwelle nach Plan D 2025 auf der Einstechbank D 280 × 2100

    A) Sie sind vorgeschruppt und haben 2 angeschliffene Lünettensitze, kommen zuerst auf die Einstechbank, wo alle inneren Wangenseiten in e i n e r Spannung geschruppt und geschlichtet werden, wozu die Stahlhalter-Einsätze Nr. 93 oder 94 gewechselt werden.

    B) Flanschseite und 2 Mittellager schruppen und schlichten nach Plan D 2023 a.

    Der Planschlitten sticht alle Partien ein, der rechte Querschieber des Längsschlittens dreht die Flanschseite längs, nachher läßt man den linken Querschieber mit dem hydraulichen Planzug hineinlaufen zum Drehen der Anlaufrundungen.

    C) Schruppen und Schlichten der anderen Seite (3 Lagerstellen) nach Plan D 2023 b.

    Der Planschlitten und der linke Querschieber stechen gleichzeitig ein, nachher dreht der rechte Querschieber des Längsschlittens den Bunddurchmesser.

6 Zylinder-Kurbelwelle. Sie wird, wie oben erwähnt, zuerst auf den Einstechbänken bearbeitet

    A) Schruppen und Schlichten des Flanschendes und des Mittellagers nach Plan D 2026 a, wie oben erwähnt, Mitnahme durch Mitnehmertopf.

    B) Schruppen und Schlichten des Schaftendes nach Plan D 2026 b, wie oben beschrieben.

DORNARBEITEN FÜR DIE VIELSTAHLBÄNKE

Laufbüchse aus Gußeisen
115 mm Bohrung, 280 mm lang
außen schruppen und schlichten
in 6,12 Minuten Gesamtzeit

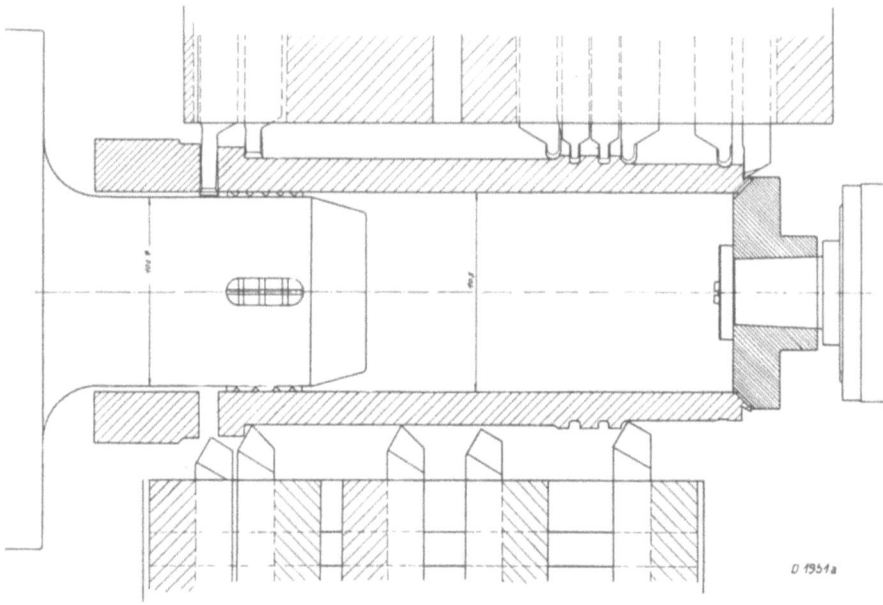

Schruppen
am Preßluft-Druckbackendorn,
Stützen mit Krauskopfspitze

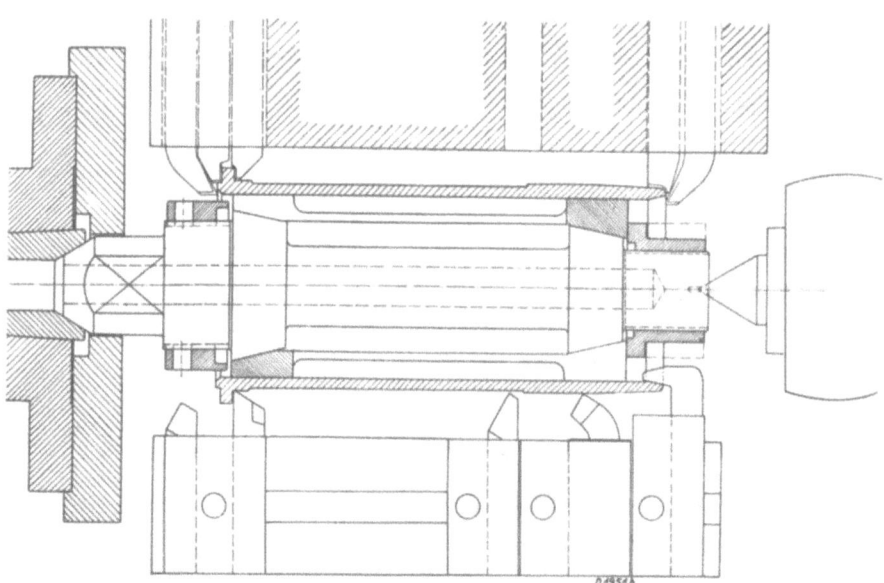

Schlichten am Spreizdorn

DORNARBEITEN FÜR DIE VIELSTAHLBÄNKE

280 J 2 Stück Nr.	Laufbüchse Bezeichnung			Ge Material	D 200 x 600 Maschine			Inv. Nr.	
Operations-Nr.			Vorrichtungs-Nr.				1 Aufspannung	**1** Stück	
Op.-Folge	Arbeitsstufe	Q.-Querschl. R-Revolverschl.	⌀ mm	Weg	Vorschub mm Udr.	mm Min.	Schnittgeschw. m. Min.	Umdreh. i. d. Min.	Hand-Z. i. Min.	Masch.-Z. i. Min.
	I. Spannung									
1	Einspannen am Preßluftdorn . . .								0,25	
2	längs schruppen		150	90	0,45		60	125	0,20	1,70
	plan schruppen		150	25	0,135		60	125	0,20	(1,40)
3	ausspannen								0,20	—
	II. Spannung									
1	Aufspannen mit Spreizdorn								0,25	
2	längs schlichten		150	90	0,45		90	180	0,20	1,10
	plan schlichten		150	25	0,135		90	180	0,20	(1,00)
3	ausspannen								0,20	
	Die Bearbeitung erfolgt mit Widia									

Ausgefertigt:	15. 10. 1936	Einrichtezeit:	Std.	1,70	2,80
Geprüft:	16. 10. 1936	Zuschlag auf Hand-Zeit	20 %	0,34	—
Arbeitsplan:	D 1951 a u. b	Zuschlag auf Masch.-Zeit	10 %	—	0,28
Firma:	**Motorenfabrik Humboldt-Deutz AG. Köln-Deutz**	Gesamt-Zeit für	1 Stück	2,04 + 3,08	
		1 Stück =	6,12 Min. =	0,105 Std.	

DORNARBEITEN FÜR DIE VIELSTAHLBÄNKE

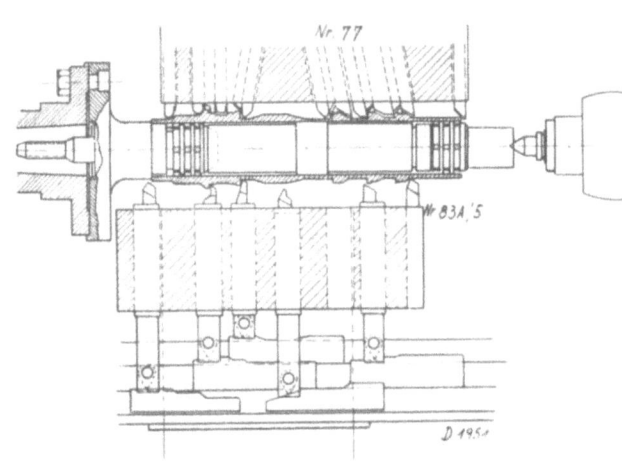

Laufbüchse, 85 mm Bohrung, 510 mm Länge, aus Gußeisen für Dieselmotoren. Schruppen und schlichten am preßluftbetätigten Spanndorn mit der 5 fachen Kopierdrehvorrichtung in zusammen 18,2 Minuten Gesamtzeit

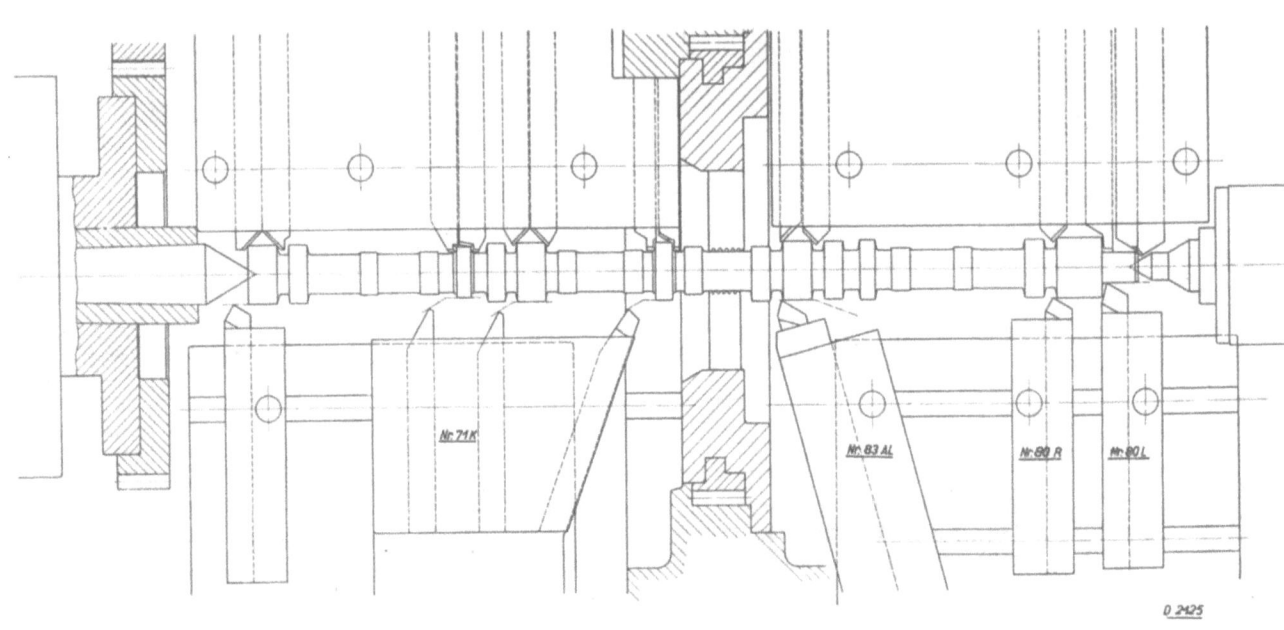

Drehen von vorgepreßten Nockenwellen gleichzeitig an beiden Enden auf der **Vielstahlbank D 200/250 mit Mittelantrieb**

DORNARBEITEN FÜR DIE VIELSTAHLBÄNKE

Vielstahlbank D 250 B
zum Einstechen der Kühlrippen
in Stahlzylinder
In 2 Spannungen schruppen und schlichten

Stahl-Zylinder	Länge mm	Gesamtzeit in Minuten
108 mm Bohrung	190	16
154 mm Bohrung	256	30

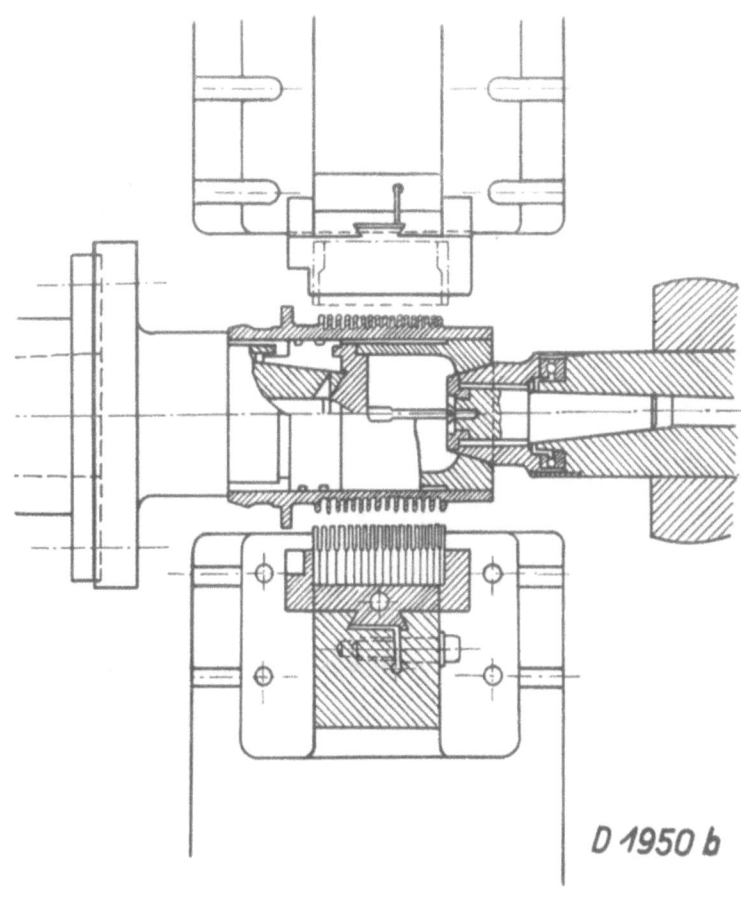

D 1950 b

Stufenrad, 90 mm ⌀, 260 mm Länge
schruppen und schlichten

Schnittzeit zusammen: 4 Minuten

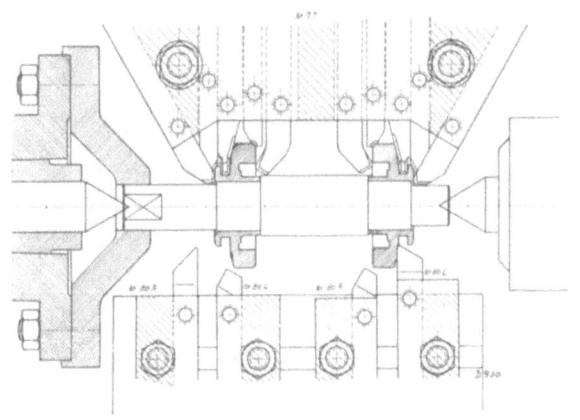

2 Schieberäder
am Schulterdorn fertig drehen
80 mm ⌀

Gesamtzeit: 1 Minute für 1 Stück

FUTTERARBEITEN FÜR DIE VIELSTAHLBÄNKE

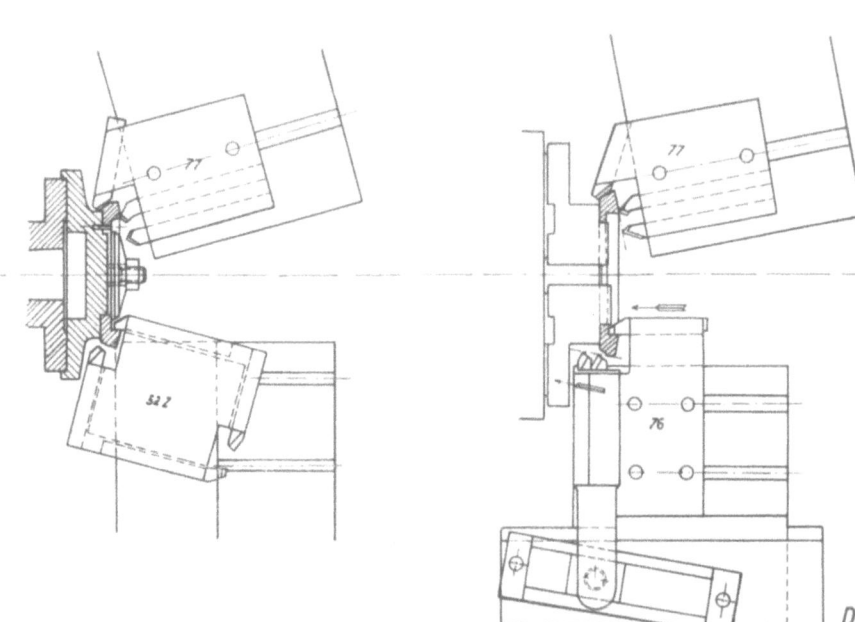

Drehen des Kranzes eines Kegelrades (Tellerrad) mit 2-Kantkopf

52 Z, 310 mm ⌀, 40 mm Zahnbreite, aus NC-Stahl 90 kg Festigkeit

Schnittzeit für 1 Schrupp- und 1 Schlichtschnitt: 8,5 Minuten

Drehen großer Kugellager-Ringe

in doppelter Länge gepreßt
145 mm Außendurchmesser
105 mm Bohrung, 50 mm Breite

Schnittzeit für 2 Spannungen: 6,5 Min.

Walzflansch, 240 mm Außen-⌀

in einer Spannung außen und plan drehen
Loch bohren und ein Dichtungsrillen einstechen

FUTTERARBEITEN FÜR DIE VIELSTAHLBÄNKE

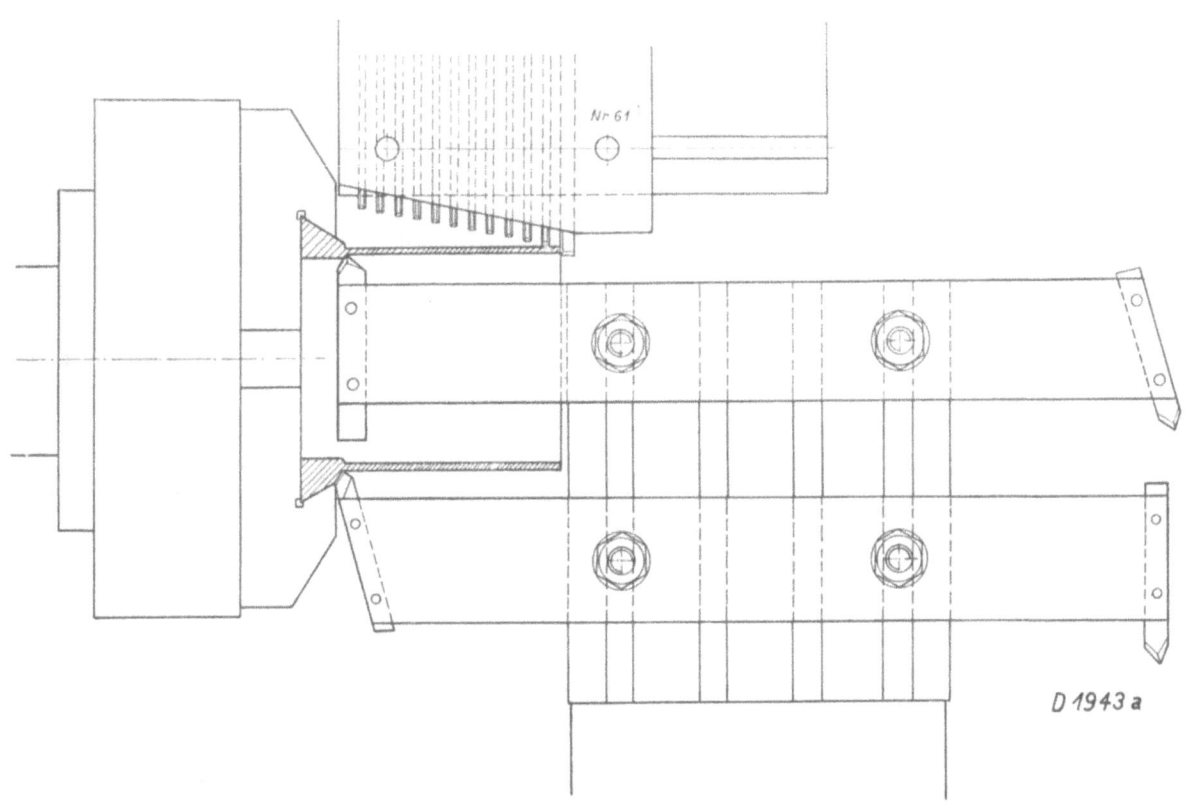

Kolbenringe drehen, bohren und abstechen

Drehtisch auf Querschieber

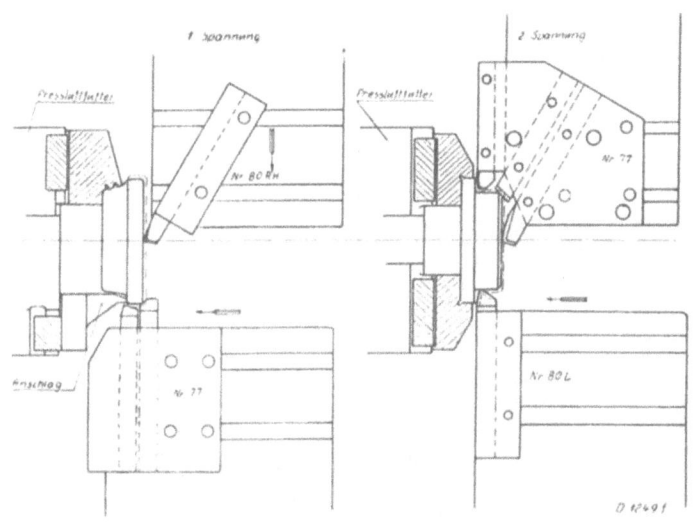

Böden 15 cm

in 4 Spannungen drehen
in 6 Minuten

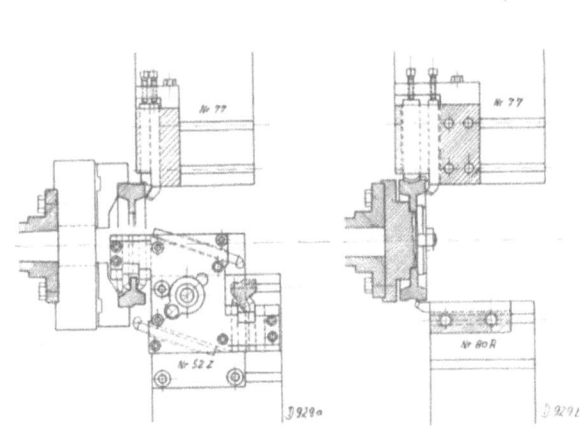

Schneckenradkranz

260 mm ⌀ in 2 Spannungen drehen
in 9,5 Minuten

FUTTERARBEITEN FÜR DIE VIELSTAHLBÄNKE D 200 A u. 250 A

Keilriemenscheibe 340 mm ⌀
bohren, längs und plan schruppen in 19,10 Min.

Spannmuffe bohren und
gleichzeitig längs- und plan drehen

Stirnrad 220 mm ⌀, aus ECMO 100
bohren, ausstechen und plan drehen in 14 Min.

FUTTERARBEITEN FÜR DIE VIELSTAHLBÄNKE

DE 345 Stück Nr.	Keilriemenscheibe Bezeichnung			**Ge** Material		**D 250 x 600** Maschine		Inv. Nr.	
Operations-Nr.		Vorrichtungs-Nr.				1 Aufspannung		**1** Stück	
Op.-Folge	Arbeitsstufe	Q.-Querschl. R.-Revolverschl.	⌀ mm	Weg	Vorschub mm Udr.	mm Min.	Schnittgeschw. m. Min.	Umdreh. i. d. Min.	Hand-Z. i. Min.	Masch.-Z. i. Min.
	I. Spannung									
1	Einspannen im Handspannfutter . .								2,00	
2 {	Längs schruppen		290	49	0,67		68	63	0,30	1,10
	Stirnseite plan schruppen		340	26	0,38		78	63	0,30	(0,95)
3	Ausspannen								1,50	
	II. Spannung nach Bild D 250/7									
4	Einspannen innen am Kranz . . .								2,00	
5	Bohren		118 212	82	0,42		50	63	0,30	2,90
	Außen schruppen		232 342	87	0,67		78	63	0,30	1,90
6 {	4 Nuten vorstechen		342	15	0,165		78	63	0,30	2,00
	und Stirnseite plan schruppen . . .		232	11	0,34		78	63		
7	Ausspannen								1,50	
	Kanten brechen								0,50	
	Die Bearbeitung erfolgt mit Widia									

Ausgefertigt:	10. 1. 1938	Einrichtezeit:	Std.	8,7	7,90
Geprüft:	12. 1. 1938	Zuschlag auf Hand-Zeit	20 %	1,7	—
Arbeitsplan:	DE 345	Zuschlag auf Masch.-Zeit	10 %	—	0,80
Firma:	**Gebr. Heinemann A.G.** **St. Georgen (Schwarzwald)**	Gesamt-Zeit für	1 Stück	10,4 + 8,70	
		1 Stück =	19,10 Min. =	0,31 Std.	

If you have any concerns about our products,
you can contact us on
ProductSafety@springernature.com

In case Publisher is established outside the EU,
the EU authorized representative is:
Springer Nature Customer Service Center GmbH
Europaplatz 3, 69115 Heidelberg, Germany

Printed by Libri Plureos GmbH
in Hamburg, Germany